品質管理の演習問題と解説

QC検定レベル表 **実践編**

監修・委員長　仁科　健

QC 検定過去問題解説委員会　著

QC検定試験 **2級** 対応

日本規格協会

・本書は，これまでに日本規格協会より発刊した書籍『過去問題で学ぶQC 検定』に収録されたQC 検定試験過去問題とその解説を，分野ごとに抜粋・編集したものに，新たに“概要解説”を加えて発行するものです．本書に収録した過去問題と解説の出典は問題番号，解説番号の右側に記載しています．
・『過去問題で学ぶQC 検定』に収録された問題及び解説の本書への再録にあたっては，問番号，図表番号，引用・参考文献番号等は原書のまま掲載しています．
・JIS Z 8103 及び JIS Q 9023 につきましては，以下の最新版が発行されていますが，本書では出題意図により旧版を表記している場合がありますので，ご留意ください．

—JIS Z 8103:2019　計測用語

—JIS Q 9023:2018　マネジメントシステムのパフォーマンス改善—方針管理の指針

はじめに

日本規格協会では，品質問題解決能力の向上を目指し品質管理検定（QC 検定）2 級を受検される方々への教材として，『過去問題で学ぶ QC 検定 2 級』を発刊してきました．受検された多くの方々にとって，受検準備の一助になったのではないかと思っています．しかし，受検準備の際，どうしても手法の勉強に比重がかかっている方も多いのではないでしょうか．3 級に対して 2 級は，手法に関する理解の要求が高くなり，特に，SQC の問題がより専門化します．とはいえ，問題のほぼ半数は“品質管理の実践”分野からの出題であり，受検準備を怠るわけにはいきません．

本書は，これまで発行した『過去問題で学ぶ QC 検定 2 級』に収録された QC 検定 2 級の実践分野の過去問題を抜粋し，再編集したものです．受検準備にどうしても手法に時間を費やしてしまう，しかし，効率的に実践分野の受検の準備をしたいという方々への教材として本書を企画いたしました．

本書は，実践分野の過去問題を QC 検定レベル表（2 級）に示された分野ごとに分類し，各分類において出題のポイントを把握できる問題を数題選出して掲載しています．章節項は分類に対応して編集されており，分野ごとに，概要解説，出題のポイント，選出した問題とその解説という構成になっています．

実践編であることから，ポイントとなる問題の選出，また，該当分野の概要解説，出題のポイントの執筆は，QC 検定過去問題解説委員会の産業界の委員が行いました．問題解説の部分は，新たに書き下ろした部分もありますが，ほとんどは『過去問題で学ぶ QC 検定 2 級』の問題解説を再録しています．

QC 検定対策の図書の『品質管理の演習問題と解説』シリーズは，“手法編”に限定されており，“実践”分野に特化した図書は発刊されていません．本書が，手法の受検準備に加えて，実践分野の受検準備を効率的に行いたい方々の教材としてお役に立てば幸いです．

2021 年 1 月

QC 検定過去問題解説委員会
委員長(監修)　仁科　健

QC 検定過去問題解説委員会名簿

委員長(監修)	仁科　　健*	愛知工業大学 教授
副 委 員 長	石井　　成	名古屋工業大学大学院 助教
	川村　大伸	名古屋工業大学大学院 准教授
委　　　員	五十川道博*	元 株式会社デンソー
	板津　博典*	株式会社東海理化
	伊東　哲二*	元 トヨタ車体株式会社
	入倉　則夫*	あとりえ IRIKURA
	大岩　洋之*	株式会社豊田自動織機
	小野田琢也*	株式会社青山製作所
	古藤判次郎*	小島プレス工業株式会社
	小林　久貴*	株式会社小林経営研究所
	牧　喜代司*	トヨタ自動車株式会社
	永井　幹人*	一般財団法人日本規格協会

(順不同，敬称略，所属は執筆時)

＊　本書の監修・執筆にあたった委員

目　次

はじめに

QC 検定過去問題解説委員会名簿

品質管理検定（QC 検定）の概要　7

	《概要解説》	《問題》	《解説》
第 1 章　品質管理の基本（QC 的なものの見方／考え方）	26	29	196
第 2 章　品質の概念	34	39	202
第 3 章　管理の方法			
3.1　維持と改善，PDCA・SDCA，継続的改善，問題と課題	44	48	210
3.2　QC ストーリー	51	56	215
第 4 章　品質保証―新製品開発―			
4.1　結果の保証とプロセスによる保証，品質保証体系図，品質保証のプロセス，保証の網（QA ネットワーク）	62	67	224
4.2　品質機能展開（QFD）	70	74	230
4.3　DR とトラブル予測，FMEA，FTA	76	80	235
4.4　製品ライフサイクル全体での品質保証，製品安全，環境配慮，製造物責任	82	85	239
4.5　初期流動管理	86	89	242
4.6　保証と補償，市場トラブル対応，苦情とその処理	90	93	244

第5章　品質保証―プロセス保証―

5.1	プロセス（工程）の考え方，QC工程図，フローチャート，作業標準書	96	101	248
5.2	工程異常の考え方とその発見・処置	104	107	252
5.3	工程能力調査，工程解析	109	112	255
5.4	変更管理，変化点管理	116	118	260
5.5	検査の目的・意義・考え方，検査の種類と方法	119	123	262
5.6	計測の基本，計測の管理，測定誤差の評価	127	132	267
5.7	官能検査，感性品質	134	137	272

第6章　品質経営の要素

6.1	方針管理	140	145	276
6.2	機能別管理	150	153	285
6.3	日常管理	154	156	287
6.4	標準化	160	163	293
6.5	小集団活動	167	171	299
6.6	人材育成	174	176	303
6.7	診断・監査	177	180	305
6.8	品質マネジメントシステム	181	184	307

第7章　倫理／社会的責任 …… 188　191　316

※　本書はQC検定レベル表マトリックス（実践編）に基づき目次を構成していますが，一部本書独自の分類により出題分野をまとめています．

品質管理検定（QC 検定）の概要

1. 品質管理検定（QC 検定）とは

品質管理検定（QC 検定／ https://www.jsa.or.jp/qc/）は，品質管理に関する知識の客観的評価を目的とした制度として，2005 年に日本品質管理学会の認定を受けて，日本規格協会が創設（2006 年より主催が日本規格協会及び日本科学技術連盟となる）したものです．

本検定では，組織（企業）で働く人に求められる品質管理の“能力”を四つのレベルに分類（1～4 級）し，各レベルの能力を発揮するために必要な品質管理の“知識”を筆記試験により客観的に評価します．

本検定の目的（図 1）は，制度を普及させることで，個人の QC 意識の向上，組織の QC レベルの向上，製品・サービスの品質向上を図り，産業界全体のものづくり・サービスづくりの質の底上げに資すること，すなわち QC 知識・能力を継続的に向上させる産業基盤となることです．日本品質管理学会（認定）や日本統計学会（2010 年度統計教育賞受賞）などの外部からも高い評価を受けており，社会貢献度の高い事業としても認識されています．

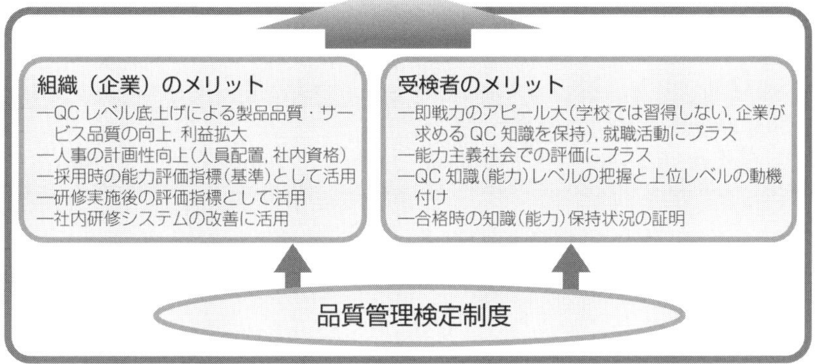

図 1　品質管理検定制度の目的と組織（企業）・受検者のメリット

2. QC 検定の内容

＜各級で認定する知識と能力のレベル並びに対象となる人材像＞

区分	認定する知識と能力のレベル	対象となる人材像
1級・準1級	組織内で発生するさまざまな問題に対して，品質管理の側面からどのようにすれば解決や改善ができるかを把握しており，それらを自分で主導していくことが期待されるレベルです．また，自分自身で解決できないようなかなり専門的な問題については，少なくともどのような手法を使えばよいのかという解決に向けた筋道を立てることができる力を有しているようなレベルです． 組織内で品質管理活動のリーダーとなる可能性のある人に最低限要求される知識を有し，その活用の仕方を理解しているレベルです．	・部門横断の品質問題解決をリードできるスタッフ ・品質問題解決の指導的立場の品質技術者
2級	一般的な職場で発生する品質に関係した問題の多くをQC七つ道具及び新QC七つ道具を含む統計的な手法も活用して，自らが中心となって解決や改善をしていくことができ，品質管理の実践についても，十分理解し，適切な活動ができるレベルです． 基本的な管理･改善活動を自立的に実施できるレベルです．	・自部門の品質問題解決をリードできるスタッフ ・品質にかかわる部署の管理職・スタッフ《品質管理，品質保証，研究・開発，生産，技術》
3級	QC七つ道具については，作り方・使い方をほぼ理解しており，改善の進め方の支援・指導を受ければ，職場において発生する問題をQC的問題解決法により，解決していくことができ，品質管理の実践についても，知識としては理解しているレベルです． 基本的な管理・改善活動を必要に応じて支援を受けながら実施できるレベルです．	・業種・業態にかかわらず自分たちの職場の問題解決を行う全社員《事務，営業，サービス，生産，技術を含むすべて》 ・品質管理を学ぶ大学生・高専生・高校生
4級	組織で仕事をするにあたって，品質管理の基本を含めて企業活動の基本常識を理解しており，企業等で行われている改善活動も言葉としては理解できるレベルです． 社会人として最低限知っておいてほしい仕事の進め方や品質管理に関する用語の知識は有しているというレベルです．	・初めて品質管理を学ぶ人 ・新入社員 ・社員外従業員 ・初めて品質管理を学ぶ大学生・高専生・高校生

＜２級合格基準＞

出題を手法分野・実践分野に分類し，各分野の得点が概ね50％以上であること，及び，総合得点が概ね70％以上であること．

3. 各級の出題範囲

各級の出題範囲とレベルは下記に示す，QC 検定センターが公表している“品質管理検定レベル表（Ver. 20150130.2）”に定められています．

また，各級に求められる知識内容を俯瞰できるよう，レベル表の補助表として，手法編・実践編マトリックスが公表されています．

表の見方

・各級の試験範囲は，各欄に示されている範囲だけではなく，その下に位置する級の範囲を含んでいます．例えば，2 級の場合，2 級に加えて 3 級と 4 級の範囲を含んだものが 2 級の試験範囲とお考えください．

・4 級は，ウェブで公開している“品質管理検定（QC 検定）4 級の手引き（Ver.3.1）”の内容で，このレベル表に記載された試験範囲から出題されます．

・準 1 級は，1 級試験の一次試験合格者（知識レベルの合格者）に付与するものです．

※凡例 ― 必要に応じて，次の記号で補足する内容・種類を区別します．

（　）：注釈や追記事項を記しています．

《　》：具体的な例を示しています．例としてこの限りではありません．

【　】：その項目の出題レベルの程度や範囲を記しています．

（Ver. 20150130.2）

級	試験範囲	
	品質管理の実践	品質管理の手法
1 級 ・ 準 1 級	■品質の概念 ・社会的品質 ・顧客満足（CS），顧客価値 ■品質保証：新製品開発 ・結果の保証とプロセスによる保証 ・保証と補償 ・品質保証体系図 ・品質機能展開 ・DR とトラブル予測，FMEA，FTA ・品質保証のプロセス，保証の網（QA ネットワーク） ・製品ライフサイクル全体での品質保証 ・製品安全，環境配慮，製造物責任 ・初期流動管理 ・市場トラブル対応，苦情とその処理	■データの取り方とまとめ方 ・有限母集団からのサンプリング《超幾何分布》 ■新 QC 七つ道具 ・アローダイアグラム法 ・PDPC 法 ・マトリックス・データ解析法 ■統計的方法の基礎 ・一様分布（確率計算を含む） ・指数分布（確率計算を含む） ・二次元分布（確率計算を含む） ・共分散 ・大数の法則と中心極限定理 ■計量値データに基づく検定と推定 ・3 つ以上の母分散に関する検定

<table>
<tr><th rowspan="2">級</th><th colspan="2">試験範囲</th></tr>
<tr><th>品質管理の実践</th><th>品質管理の手法</th></tr>
<tr><td>1級
・
準1級</td><td>■品質保証：プロセス保証
・作業標準書
・プロセス（工程）の考え方
・QC 工程図，フローチャート
・工程異常の考え方とその発見・処置
・工程能力調査，工程解析
・変更管理，変化点管理
・検査の目的・意義・考え方（適合，不適合）
・検査の種類と方法
・計測の基本
・計測の管理
・測定誤差の評価
・官能検査，感性品質
■品質経営の要素：方針管理
・方針の展開とすり合せ
・方針管理のしくみとその運用
・方針の達成度評価と反省
■品質経営の要素：機能別管理【定義と基本的な考え方】
・マトリックス管理
・クロスファンクショナルチーム（CFT）
・機能別委員会
・機能別の責任と権限
■品質経営の要素：日常管理
・変化点とその管理
■品質経営の要素：標準化
・標準化の目的・意義・考え方
・社内標準化とその進め方
・産業標準化，国際標準化
■品質経営の要素：人材育成
・品質教育とその体系
■品質経営の要素：診断・監査
・品質監査
・トップ診断
■品質経営の要素：品質マネジメントシステム
・品質マネジメントの原則
・ISO 9001
・第三者認証制度【定義と基本的な考え方】
・品質マネジメントシステムの運用
■倫理・社会的責任【定義と基本的な考え方】
・品質管理に携わる人の倫理
・社会的責任
■品質管理周辺の実践活動
・マーケティング，顧客関係性管理
・データマイニング・テキストマイニングなど【言葉として】</td><td>■計数値データに基づく検定と推定
・適合度の検定
■管理図
・メディアン管理図
■工程能力指数
・工程能力指数の区間推定
■抜取検査
・計数選別型抜取検査
・調整型抜取検査
■実験計画法
・多元配置実験
・乱塊法
・分割法
・枝分かれ実験
・直交表実験《多水準法，擬水準法，分割法》
・応答曲面法，直交多項式【定義と基本的な考え方】
■ノンパラメトリック法【定義と基本的な考え方】
■感性品質と官能評価手法【定義と基本的な考え方】
■相関分析
・母相関係数の検定と推定
■単回帰分析
・回帰母数に関する検定と推定
・回帰診断
・繰り返しのある場合の単回帰分析
■重回帰分析
・重回帰式の推定
・分散分析
・回帰母数に関する検定と推定
・回帰診断
・変数選択
・さまざまな回帰式
■多変量解析法
・判別分析
・主成分分析
・クラスター分析【定義と基本的な考え方】
・数量化理論【定義と基本的な考え方】
■信頼性工学
・耐久性，保全性，設計信頼性
・信頼性データのまとめ方と解析
■ロバストパラメータ設計
・パラメータ設計の考え方
・静特性のパラメータ設計
・動特性のパラメータ設計</td></tr>
<tr><td></td><td colspan="2">1級・準1級の試験範囲には2級，3級，4級の範囲も含みます．</td></tr>
</table>

級	試験範囲	
	品質管理の実践	品質管理の手法
2級	■QC的ものの見方・考え方 ・応急対策，再発防止，未然防止，予測予防 ・見える化《管理のためのグラフや図解による可視化》，潜在トラブルの顕在化 ■品質の概念 ・品質の定義 ・要求品質と品質要素 ・ねらいの品質とできばえの品質 ・品質特性，代用特性 ・当たり前品質と魅力的品質 ・サービスの品質，仕事の品質 ・顧客満足（CS），顧客価値【定義と基本的な考え方】 ■管理の方法 ・維持と管理 ・継続的改善 ・問題と課題 ・課題達成型QCストーリー ■品質保証：新製品開発【定義と基本的な考え方】 ・結果の保証とプロセスによる保証 ・保証と補償 ・品質保証体系図 ・品質機能展開 ・DRとトラブル予測，FMEA，FTA ・品質保証のプロセス，保証の網（QAネットワーク） ・製品ライフサイクル全体での品質保証 ・製品安全，環境配慮，製造物責任 ・初期流動管理 ・市場トラブル対応，苦情とその処理 ■品質保証：プロセス保証【定義と基本的な考え方】 ・作業標準書 ・プロセス（工程）の考え方 ・QC工程図，フローチャート ・工程異常の考え方とその発見・処置 ・工程能力調査，工程解析 ・変更管理，変化点管理 ・検査の目的・意義・考え方（適合，不適合） ・検査の種類と方法 ・計測の基本 ・計測の管理 ・測定誤差の評価 ・官能検査，感性品質 ■品質経営の要素：方針管理 ・方針（目標と方策） ・方針の展開とすり合せ【定義と基本的な考え方】	■データの取り方とまとめ方 ・サンプリングの種類《2段，層別，集落，系統》と性質 ■新QC七つ道具 ・親和図法 ・連関図法 ・系統図法 ・マトリックス図法 ■統計的方法の基礎 ・正規分布（確率計算を含む） ・二項分布（確率計算を含む） ・ポアソン分布（確率計算を含む） ・統計量の分布（確率計算を含む） ・期待値と分散 ・大数の法則と中心極限定理【定義と基本的な考え方】 ■計量値データに基づく検定と推定 ・検定・推定とは ・1つの母分散に関する検定と推定 ・1つの母平均に関する検定と推定 ・2つの母分散の比に関する検定と推定 ・2つの母平均の差に関する検定と推定 ・データに対応がある場合の検定と推定 ■計数値データに基づく検定と推定 ・母不適合品率に関する検定と推定 ・2つの母不適合品率の違いに関する検定と推定 ・母不適合品数に関する検定と推定 ・2つの母不適合品数の違いに関する検定と推定 ・分割表による検定 ■管理図 ・$\bar{X}$–s 管理図 ・X 管理図 ・p 管理図，np 管理図 ・u 管理図，c 管理図 ■抜取検査 ・抜取検査の考え方 ・計数規準型抜取検査 ・計量規準型抜取検査 ■実験計画法 ・実験計画法の考え方 ・一元配置実験 ・二元配置実験 ■相関分析 ・系列相関《大波の相関，小波の相関》 ■単回帰分析 ・単回帰式の推定 ・分散分析 ・回帰診断《残差の検討》【定義と基本的な考え方】

級	試験範囲	
	品質管理の実践	品質管理の手法
2級	・方針管理のしくみとその運用【定義と基本的な考え方】 ・方針の達成度評価と反省【定義と基本的な考え方】 ■品質経営の要素：機能別管理【言葉として】 ・マトリックス管理 ・クロスファンクショナルチーム（CFT） ・機能別委員会 ・機能別の責任と権限 ■品質経営の要素：日常管理 ・業務分掌，責任と権限 ・管理項目（管理点と点検点），管理項目一覧表 ・異常とその処置 ・変化点とその管理【定義と基本的な考え方】 ■品質経営の要素：標準化【定義と基本的な考え方】 ・標準化の目的・意義・考え方 ・社内標準化とその進め方 ・産業標準化，国際標準化 ■品質経営の要素：小集団活動 ・小集団改善活動（QC サークル活動など）とその進め方 ■品質経営の要素：人材育成【定義と基本的な考え方】 ・品質教育とその体系 ■品質経営の要素：診断・監査【定義と基本的な考え方】 ・品質監査 ・トップ診断 ■品質経営の要素：品質マネジメントシステム【定義と基本的な考え方】 ・品質マネジメントの原則 ・ISO 9001 ・第三者認証制度【言葉として】 ・品質マネジメントシステムの運用【言葉として】 ■倫理・社会的責任【言葉として】 ・品質管理に携わる人の倫理 ・社会的責任 ■品質管理周辺の実践活動【言葉として】 ・顧客価値創造技術（商品企画七つ道具を含む） ・IE，VE ・設備管理，資材管理，生産における物流・量管理	■信頼性工学 ・品質保証の観点からの再発防止，未然防止 ・耐久性，保全性，設計信頼性【定義と基本的な考え方】 ・信頼性モデル《直列系，並列系，冗長系，バスタブ曲線》 ・信頼性データのまとめ方と解析【定義と基本的な考え方】
	2級の試験範囲には3級，4級の範囲も含みます．	

<table>
<tr><th rowspan="2">級</th><th colspan="2">試験範囲</th></tr>
<tr><th>品質管理の実践</th><th>品質管理の手法</th></tr>
<tr><td>3 級</td><td>■ QC 的ものの見方・考え方
・マーケットイン，プロダクトアウト，顧客の特定，Win-Win
・品質優先，品質第一
・後工程はお客様
・プロセス重視（品質は工程で作るの広義の意味）
・特性と要因，因果関係
・応急対策，再発防止，未然防止，予測予防【定義と基本的な考え方】
・源流管理
・目的志向
・QCD+PSME
・重点指向《選択，集中，局部最適》
・事実に基づく活動，三現主義
・見える化《管理のためのグラフや図解による可視化》，潜在トラブルの顕在化【定義と基本的な考え方】
・ばらつきに注目する考え方
・全部門，全員参加
・人間性尊重，従業員満足 (ES)
■品質の概念【定義と基本的な考え方】
・品質の定義
・要求品質と品質要素
・ねらいの品質とできばえの品質
・品質特性，代用特性
・当たり前品質と魅力的品質
・サービスの品質，仕事の品質
・社会的品質【定義と基本的な考え方】
・顧客満足 (CS)，顧客価値【言葉として】
■管理の方法
・維持と管理【定義と基本的な考え方】
・PDCA，SDCA，PDCAS
・継続的改善【定義と基本的な考え方】
・問題と課題【定義と基本的な考え方】
・問題解決型 QC ストーリー
・課題達成型 QC ストーリー【定義と基本的な考え方】
■品質保証：新製品開発【定義と基本的な考え方】
・結果の保証とプロセスによる保証
・保証と補償【言葉として】
・品質保証体系図【言葉として】
・品質機能展開【言葉として】
・DR とトラブル予測，FMEA，FTA【言葉として】
・品質保証のプロセス，保証の網（QA ネットワーク）【言葉として】
・製品ライフサイクル全体での品質保証【言葉として】</td><td>■データの取り方・まとめ方
・データの種類
・データの変換
・母集団とサンプル
・サンプリングと誤差
・基本統計量とグラフ
■ QC 七つ道具
・パレート図
・特性要因図
・チェックシート
・ヒストグラム
・散布図
・グラフ（管理図別項目として記載）
・層　別
■新 QC 七つ道具【定義と基本的な考え方】
・親和図法
・連関図法
・系統図法
・マトリックス図法
・アローダイアグラム法
・PDPC 法
・マトリックス・データ解析法
■統計的方法の基礎【定義と基本的な考え方】
・正規分布（確率計算を含む）
・二項分布（確率計算を含む）
■管理図
・管理図の考え方，使い方
・$\bar{X}$–R 管理図
・p 管理図，np 管理図【定義と基本的な考え方】
■工程能力指数
・工程能力指数の計算と評価方法
■相関分析
・相関係数</td></tr>
</table>

級	試験範囲	
	品質管理の実践	品質管理の手法
3級	・製品安全，環境配慮，製造物責任【言葉として】 ・市場トラブル対応，苦情とその処理 ■品質保証：プロセス保証【定義と基本的な考え方】 ・作業標準書 ・プロセス（工程）の考え方 ・QC 工程図，フローチャート【言葉として】 ・工程異常の考え方とその発見・処置【言葉として】 ・工程能力調査，工程解析【言葉として】 ・検査の目的・意義・考え方（適合，不適合） ・検査の種類と方法 ・計測の基本【言葉として】 ・計測の管理【言葉として】 ・測定誤差の評価【言葉として】 ・官能検査，感性品質【言葉として】 ■品質経営の要素：方針管理【定義と基本的な考え方】 ・方針（目標と方策） ・方針の展開とすり合せ【言葉として】 ・方針管理のしくみとその運用【言葉として】 ・方針の達成度評価と反省【言葉として】 ■品質経営の要素：日常管理【定義と基本的な考え方】 ・業務分掌，責任と権限 ・管理項目（管理点と点検点），管理項目一覧表 ・異常とその処置 ・変化点とその管理【言葉として】 ■品質経営の要素：標準化【言葉として】 ・標準化の目的・意義・考え方 ・社内標準化とその進め方 ・産業標準化，国際標準化 ■品質経営の要素：小集団活動【定義と基本的な考え方】 ・小集団改善活動（QC サークル活動など）とその進め方 ■品質経営の要素：人材育成【言葉として】 ・品質教育とその体系 ■品質経営の要素：品質マネジメントシステム【言葉として】 ・品質マネジメントの原則 ・ISO 9001	
	3 級の試験範囲には 4 級の範囲も含みます．	

級	試験範囲		
	品質管理の実践	品質管理の手法	
4級	品質管理の実践	品質管理の手法	企業活動の基本
	■品質管理 ・品質とその重要性 ・品質優先の考え方 （マーケットイン，プロダクトアウト） ・品質管理とは ・お客様満足とねらいの品質 ・問題と課題 ・苦情，クレーム ■管　理 ・管理活動（維持と改善） ・仕事の進め方 ・PDCA，SDCA ・管理項目 ■改　善 ・改善（継続的改善） ・QC ストーリー（問題解決型 QC ストーリー） ・3ム（ムダ，ムリ，ムラ） ・小集団改善活動とは（QC サークルを含む） ・重点指向とは ■工程（プロセス） ・前工程と後工程 ・工程の 5M ・異常とは（異常原因，偶然原因） ■検　査 ・検査とは（計測との違い） ・適合（品） ・不適合（品）（不良，不具合を含む） ・ロットの合格，不合格 ・検査の種類 ■標準・標準化 ・標準化とは ・業務に関する標準，品物に関する標準（規格） ・色々な標準《国際，国家》	■事実に基づく判断 ・データの基礎（母集団，サンプリング，サンプルを含む） ・ロット ・データの種類（計量値，計数値） ・データのとり方，まとめ方 ・平均とばらつきの概念 ・平均と範囲 ■データの活用と見方 ・QC 七つ道具（種類，名称，使用の目的，活用のポイント） ・異常値 ・ブレーンストーミング	・製品とサービス ・職場における総合的な品質（QCD+PSME） ・報告・連絡・相談（ほうれんそう） ・5W1H ・三現主義 ・5ゲン主義 ・企業生活のマナー ・5S ・安全衛生（ヒヤリハット，KY 活動，ハインリッヒの法則） ・規則と標準（就業規則を含む）

4級は，ウェブで公開している“品質管理検定（QC 検定）4級の手引き（Ver.3.1）”の内容で，このレベル表に記載された試験範囲から出題されます．

QC 検定レベル表マトリックス（手法編）

※凡例 — 必要に応じて，次の記号で補足する内容・種類を区別します．
◎：その内容を実務で運用できるレベル
○：その内容を知識として（定義と基本的な考え方を）理解しているレベル
＊：新たに追加した項目
（　）：注釈や追記事項を記しています．
《　》：具体的な例を示しています。例としてこの限りではありません．

		1級	2級	3級
データの取り方とまとめ方	データの種類	◎	◎	◎
	データの変換	◎	◎	◎
	母集団とサンプル	◎	◎	◎
	サンプリングと誤差	◎	◎	◎
	基本統計量とグラフ	◎	◎	◎
	サンプリングの種類(2段,層別,集落,系統など)と性質	◎	◎	
	有限母集団からのサンプリング（超幾何分布など）	◎		
QC 七つ道具	パレート図	◎	◎	◎
	特性要因図	◎	◎	◎
	チェックシート	◎	◎	◎
	ヒストグラム	◎	◎	◎
	散布図	◎	◎	◎
	グラフ（管理図は別項目として記載）	◎	◎	◎
	層別	◎	◎	◎
新 QC 七つ道具	親和図法	◎	◎	○
	連関図法	◎	◎	○
	系統図法	◎	◎	○
	マトリックス図法	◎	◎	○
	アローダイアグラム法	◎	○	○
	PDPC 法	◎	○	○
	マトリックスデータ解析法	◎	○	○
統計的方法の基礎	正規分布（確率計算を含む）	◎	◎	○*
	一様分布（確率計算を含む）	◎		
	指数分布（確率計算を含む）	◎		
	二項分布（確率計算を含む）	◎	◎*	○*
	ポアソン分布（確率計算を含む）	◎	◎*	
	二次元分布（確率計算を含む）	◎		
	統計量の分布（確率計算を含む）	◎	◎*	
	期待値と分散	◎	◎	
	共分散	◎		
	大数の法則と中心極限定理	◎	○*	
計量値データに基づく検定と推定	検定と推定の考え方	◎	◎	
	1つの母平均に関する検定と推定	◎	◎	
	1つの母分散に関する検定と推定	◎	◎	
	2つの母分散の比に関する検定と推定	◎	◎	

QC 検定レベル表マトリックス（手法編・つづき）

		1級	2級	3級
計量値データに基づく検定と推定	2つの母平均の差に関する検定と推定	◎	◎	
	データに対応がある場合の検定と推定	◎	◎	
	3つ以上の母分散に関する検定	◎		
計数値データに基づく検定と推定	母不適合品率に関する検定と推定	◎	◎*	
	2つの母不適合品率の違いに関する検定と推定	◎	◎*	
	母不適合数に関する検定と推定	◎	◎*	
	2つの母不適合数に関する検定と推定	◎	◎*	
	適合度の検定	◎		
	分割表による検定	◎	◎*	
管理図	管理図の考え方，使い方	◎	◎	◎
	$\bar{X}$–R 管理図	◎	◎	◎
	$\bar{X}$–s 管理図	◎	◎	
	X–Rs 管理図	◎	◎	
	p 管理図，np 管理図	◎	◎	○*
	u 管理図，c 管理図	◎	◎	
	メディアン管理図	◎		
工程能力指数	工程能力指数の計算と評価方法	◎	◎	◎
	工程能力指数の区間推定	◎		
抜取検査	抜取検査の考え方	◎	◎	
	計数規準型抜取検査	◎	◎	
	計量規準型抜取検査	◎	◎	
	計数選別型抜取検査	◎		
	調整型抜取検査	◎		
実験計画法	実験計画法の考え方	◎	◎	
	一元配置実験	◎	◎	
	二元配置実験	◎	◎	
	多元配置実験	◎		
	乱塊法	◎		
	分割法	◎		
	枝分かれ実験	◎		
	直交表実験（多水準法，擬水準法，分割法など）	◎		
	応答曲面法・直交多項式	○		
ノンパラメトリック法		○*		
感性品質と官能評価手法		○*		
相関分析	相関係数	◎	◎	◎*
	系列相関（大波の相関，小波の相関など）	◎	◎	
	母相関係数の検定と推定	◎		
単回帰分析	単回帰式の推定	◎	◎	
	分散分析	◎	◎	
	回帰母数に関する検定と推定	◎		
	回帰診断（2級は残差の検討）	◎	○*	
	繰り返しのある場合の単回帰分析	◎		

QC 検定レベル表マトリックス（手法編・つづき）

		1 級	2 級	3 級
重回帰分析	重回帰式の推定	◎		
	分散分析	◎		
	回帰母数に関する検定と推定	◎		
	回帰診断	◎		
	変数選択	◎		
	さまざまな回帰式	◎		
多変量解析法	判別分析	◎		
	主成分分析	◎		
	クラスター分析	○		
	数量化理論	○		
信頼性工学	品質保証の観点からの再発防止・未然防止	◎	◎	
	耐久性，保全性，設計信頼性	◎	○	
	信頼性モデル（直列系，並列系，冗長系，バスタブ曲線など）	◎	◎	
	信頼性データのまとめ方と解析	◎	○*	
ロバストパラメータ設計	パラメータ設計の考え方	◎		
	静特性のパラメータ設計	◎		
	動特性のパラメータ設計	◎		

QC 検定レベル表マトリックス（実践編）

※凡例 ― 必要に応じて，次の記号で補足する内容・種類を区別します．

◎：その内容を実務で運用できるレベル

○：その内容を知識として（定義と基本的な考え方を）理解しているレベル

△：言葉として知っている程度のレベル

*：新たに追加した項目

（　）：注釈や追記事項を記しています．

《　》：具体的な例を示しています。例としてこの限りではありません．

		1 級	2 級	3 級
品質管理の基本（QC 的なものの見方／考え方）	マーケットイン，プロダクトアウト，顧客の特定，Win-Win	◎	◎	◎
	品質優先，品質第一	◎	◎	◎
	後工程はお客様	◎	◎	◎
	プロセス重視（品質は工程で作るの広義の意味）	◎	◎	◎
	特性と要因，因果関係	◎	◎	◎
	応急対策，再発防止，未然防止	◎	◎	○
	源流管理	◎	◎	◎
	目的志向	◎	◎	◎
	QCD+PSME	◎	◎	◎
	重点指向	◎	◎	◎

QC 検定レベル表マトリックス（実践編・つづき）

			1 級	2 級	3 級
品質管理の基本 (QC 的なものの見方／考え方)		事実に基づく活動，三現主義	◎	◎	◎
		見える化，潜在トラブルの顕在化	◎	◎	○
		ばらつきに注目する考え方	◎	◎	◎
		全部門，全員参加	◎	◎	◎
		人間性尊重，従業員満足（ES）	◎	◎	◎
品質の概念		品質の定義	◎	◎	○
		要求品質と品質要素	◎	◎	○
		ねらいの品質とできばえの品質	◎	◎	○
		品質特性，代用特性	◎	◎	○
		当たり前品質と魅力的品質	◎	◎	○
		サービスの品質，仕事の品質	◎	◎	○
		社会的品質	◎	○	○
		顧客満足（CS），顧客価値	◎	○	△
管理の方法		維持と改善	◎	◎	○
		PDCA，SDCA	◎	◎	◎
		継続的改善	◎	◎	○
		問題と課題	◎	◎	○
		問題解決型 QC ストーリー	◎	◎	◎
		課題達成型 QC ストーリー	◎	◎	○*
品質保証	新製品開発	結果の保証とプロセスによる保証	◎	○	○*
		保証と補償	◎	○	△*
		品質保証体系図	◎	○	△*
		品質機能展開（QFD）	◎	○	△*
		DR とトラブル予測，FMEA，FTA	◎	○	△*
		品質保証のプロセス，保証の網（QA ネットワーク）	◎	○	△*
		製品ライフサイクル全体での品質保証	◎	○	△*
		製品安全，環境配慮，製造物責任	◎	○	△*
		初期流動管理	◎	○	
		市場トラブル対応，苦情とその処理	◎	○	○*
	プロセス保証	作業標準書	◎	○	○
		プロセス（工程）の考え方	◎	○	○
		QC 工程図，フローチャート	◎	○	△
		工程異常の考え方とその発見・処置	◎	○	△
		工程能力調査，工程解析	◎	○	△
		変更管理，変化点管理	◎	○	
		検査の目的・意義・考え方（適合，不適合）	◎	○	○
		検査の種類と方法	◎	○	○
		計測の基本	◎	○	△
		計測の管理	◎	○	△
		測定誤差の評価	◎	○	△*
		官能検査，感性品質	◎	○	△*

QC 検定レベル表マトリックス（実践編・つづき）

			1級	2級	3級
品質経営の要素	方針管理	方針（目標と方策）	◎	◎	○
		方針の展開とすり合せ	◎	○	△
		方針管理のしくみとその運用	◎	○	△
		方針の達成度評価と反省	◎	○	△
	機能別管理	マトリックス管理	○	△	
		クロスファンクショナルチーム（CFT）	○	△	
		機能別委員会	○	△	
		機能別の責任と権限	○	△	
	日常管理	業務分掌，責任と権限	◎	◎	○
		管理項目（管理点と点検点），管理項目一覧表	◎	◎	○
		異常とその処置	◎	◎	○
		変化点とその管理	◎	○	△
	標準化	標準化の目的・意義・考え方	◎	○	△
		社内標準化とその進め方	◎	○	△
		産業標準化，国際標準化	◎	○	△
	小集団活動	小集団改善活動（QC サークル活動など）とその進め方	◎	◎	○
	人材育成	品質教育とその体系	◎	○	△
	診断・監査	品質監査	◎	○	
		トップ診断	◎	○	
	品質マネジメントシステム	品質マネジメントの原則	◎	○	△*
		ISO 9001	◎	○	△*
		第三者認証制度	○	△	
		品質マネジメントシステムの運用	◎	△	
倫理／社会的責任		品質管理に携わる人の倫理	○	△	
		社会的責任（SR）	○	△	
品質管理周辺の実践活動		顧客価値創造技術（商品企画七つ道具を含む）	○	△	
		マーケティング，顧客関係性管理	○		
		IE，VE	○	△	
		設備管理，資材管理，生産における物流・量管理	○	△	
		データマイニング，テキストマイニングなど	△		

4. QC 検定のお申込み方法

QC 検定試験では個人での受検申込みのほかに，団体での受検申込みをいただくことができます．

団体受検とは，申込担当者が一定数以上の人数をまとめてお申込みいただく方法で，書類等は一括して担当者の方へ送付します．条件を満たすと受検料に割引が適用されます．

個人受検と団体受検の申込み方法の詳細は，下記 QC 検定センターウェブサイトで最新の情報をご確認ください．

QC 検定に関するお問合せ・資料請求先

一般財団法人日本規格協会　QC 検定センター
〒 108-0073　東京都港区三田 3-13-12 三田 MT ビル
専用メールアドレス　kentei@jsa.or.jp
QC 検定センターウェブサイト　https://www.jsa.or.jp/qc/

問 題 編

2 級

第 1 章

品質管理の基本

（QC 的なものの見方／考え方）

1. 品質管理の基本

(1) 品質管理とは

戦後の 1950 年代，Made in Japan は粗悪品の代名詞であったが，米国のデミング博士に事実とデータに基づいた管理の重要性を学び，統計的品質管理（SQC：Statistical Quality Control）が広まった．これが QC（Quality Control）の始まりであり，国内の製造業を中心に導入され，以降，日本製品の品質は飛躍的に向上することになった．

品質管理の定義は，時代の背景や環境の変化に伴い変わってきた経緯があるが，JIS Z 8101:1981 では，“品質管理とは，買手の要求に合った品質の品物又はサービスを経済的に作り出すための手段の体系”と定義されている．さらに“品質管理を効果的に実施するためには，市場の調査，研究・開発，製品の企画，設計，生産準備，購買・外注，製造，検査及びアフターサービス並びに財務，人事，教育など企業活動の全段階にわたり，経営者を始め管理者，監督者，作業者など企業の全員の参加と協力が必要である”．このようにして実施される品質管理は総合的品質管理と呼ばれた．

(2) 品質管理の変遷

この 1980 年代から，日本の品質管理活動は製造業のみならずサービス業など多くの業種に導入され，さらに質のよい製品・サービスを提供することで，海外との競争力を向上させてきた．このように品質を広義に捉え，組織全体で推進する総合的品質管理 TQC（Total Quality Control）へと移り変わった．

1990 年代には，社会のグローバル化の流れの中で，ISO（国際標準化機構）により国際規格としてまとめられ，それまでの“管理する”という概念から，全社的な各運用プロセスも含めた品質マネジメントを主体とした経営的活動の考え方が定着した．この変化に伴い，より優れた製品やサービスを提供するためのシステムづくりを主とした戦略的な経営管理を重視する総合的品質マネジメント TQM（Total Quality Management）の導入へと進化してきた（図 1.A

参照）.

特に TQC のステークホルダー（利害関係者）が主に顧客を対象にしていたのに対し，TQM では顧客に加え，従業員，地域社会，サプライヤー，ディーラーなど配慮すべき範囲を拡大しているのが特徴である．

	QC		TQC		TQM
質	製品の品質	⇒	製品・サービスの品質	⇒	経営の質
対象	製品		プロセス		システム
防止	再発防止		未然防止		予測予防
目的	対策		改善		改革
視点	Q		QCD		QCD＋PSME*
重視	内部		顧客		社会

＊品質 (Quality)，価格 (Cost)，納期 (Delivery)，生産性 (Productivity)，安全 (Safety)，モラル (Morale)，環境（Environment）

図 1.A　QC から TQM への変遷

(3)　QC 的ものの見方・考え方

品質の対象が製品のみから，製品を含むあらゆるサービスの品質へと変化したことで，品質管理にかかわる全ての業種及び部門に対し，共通化した“QC 的なものの見方／考え方”を教育・実践するようになってきた．QC 的なものの見方／考え方は，会社が掲げる企業理念から問題解決，さらには利害関係者に至るまで仕事に取り組む際の基本的な考え方として考案されたキーワードである（図 1.B 参照）.

この QC 的なものの見方／考え方に基づいて，解決手順（QC ストーリー）と統計的手法の併用により，問題解決に取り組むことが有効とされている．

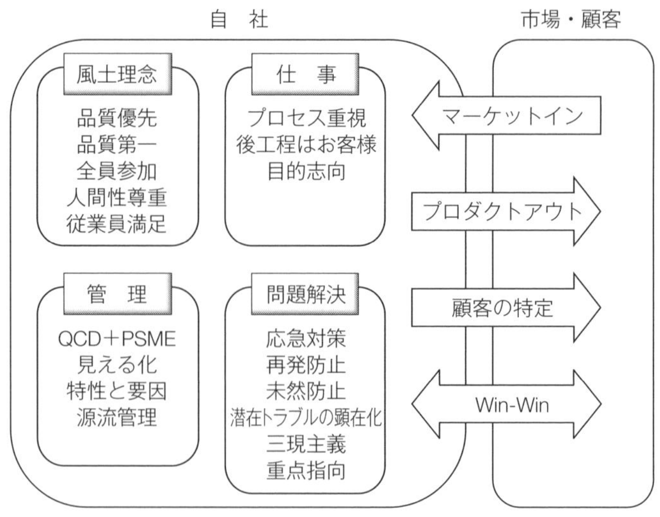

図 1.B　QC 的なものの見方／考え方

●出題のポイント

2 級では，品質管理の着眼である QC 的なものの見方／考え方の基本的な意味と活用方法に加えて，3 級よりさらに幅広い用語の理解が要求される．

また，今まで品質管理が進化してきた歴史や考え方の変遷に加えて，時代とともに変化してきた品質管理の定義や対象業種の広がりなどの知識も必要とされる．歴史に関しては，日本の品質管理の貢献に代表されるシューハート博士やデミング博士に関する問題も出題されている．

特に 2 級では，ねらいの品質とできばえの品質など，お客様の満足度や魅力的な設計品質に関する出題率が高いので，プロダクトアウトとマーケットインの考えは理解しておきたい．

さらには，ISO 9000 の品質マネジメントシステムに関する用語や，製品から顧客さらには社会的責任へと会社としての品質管理の対象範囲の広がりの理解も問われているので，常に現代の品質管理に関する知識も必要である．

問題 1.1

［第16回問8］

【問8】 品質管理の基本的考え方に関する次の文章において，［　　］内に入るもっとも適切なものを下欄のそれぞれの選択肢からひとつ選び，その記号を解答欄にマークせよ．ただし，各選択肢を複数回用いることはない．

① 企業が製品をつくりサービスを提供するとき考えなければならないのは良い品質ということである．製品やサービスがお客様の［(49)］に合っていることは当然であるが，いつ買っても［(50)］のものが得られる必要がある．すなわち，同じ製品やサービスを購入したはずなのに，購入のたびに違っていたのでは，お客様の不満のもとになる．
したがって，企業ではそのようなことがないよう，お客様が同じ製品やサービスを購入した際には，いつでも［(50)］のものが入手できるような仕組みをつくり，その仕組みどおりの活動を実施しなくてはならない．この活動のことを，品質作り込み工程における，［(51)］という．
企業が行う，品質が一定に保たれるよう，［(52)］，製品の生産，製品の検査，配達というそれぞれのプロセスで行うこのような活動が，ねらいの品質達成のための［(51)］である．

② しかし，ねらいの品質が達成できていても，お客様が求めているものと異なっていたのでは，その製品にお客様は満足しない．
したがって，お客様がどんなものを欲しがっているかの［(53)］を行い，その結果にもとづく商品企画・設計などを行うことは，さらに重要な仕事である．このような活動が，ねらいの品質設定のための［(51)］である．

③ お客様に，品質のよい製品やサービスを提供していくためには，企業の開発や設計部門・生産部門・管理部門・営業部門などの全組織が協力し合って［(54)］を回すことが大切である．つまり，全員参加の品質管理活動を行ってこそ，良い品質の商品やサービスをお客様に提供できるものである．この活動を［(55)］という．

【［(49)］～［(52)］の選択肢】

ア．品質管理活動　イ．ニーズ　ウ．魅力的品質　エ．材料の仕入れ
オ．同じ品質　カ．原価管理　キ．生産管理活動　ク．一元的品質

【［(53)］～［(55)］の選択肢】

ア．PDCAサイクル　イ．市場調査　ウ．ライフサイクル
エ．全社的品質管理活動　オ．全社的社会貢献活動　カ．未然防止活動

問題 1.2

［第 27 回問 9］

【問 9】 次の文章において，[ ] 内に入るもっとも適切なものを下欄のそれぞれの選択肢からひとつ選び，その記号を解答欄にマークせよ．ただし，各選択肢を複数回用いることはない．

① 消費者・使用者の立場や要求をあまり考慮せず，生産者の立場を優先し，生産した製品を売りさばく考え方が [(49)] である．逆に，消費者や使用者の要求する品質を的確に把握し，それに適合する製品を生産者が企画・設計・製造し販売するという，顧客優先の考え方が [(50)] である．

② この顧客優先の品質を実現するためには，品質を中核とした組織の構成員すべてが参加することが求められる．品質保証および新製品開発システムを中心に全部門全従業員が参加する実践的経営管理手法が [(51)] である．なおこの呼称は，国際的な動向を鑑み，1996 年に [(52)] と変更された．日本の産業界では企業によっても異なるが，この経営管理手法の原則を，顧客志向と品質優先の考え方・[(53)] な改善・全員参加・プロセス重視などとしているのが一般的である．

③ この顧客優先の考え方は，何事においても常に相手の立場に立ってものを考え判断するということであり，これは企業内における“ [(54)] ”と同様な意味でもある．自分たちの工程のアウトプットは次工程のインプットになる．したがって自分たちの仕事の目指すところは，次工程を含めた後工程全体に喜んでもらえるようなものでなければならない．その実現のためには自分たちの工程の質を明らかにし，現状が不十分であれば原因を追究し，不具合の低減を図ることが必要である．自分たちの仕事の良し悪しは，後工程の [(55)] ，あるいは迷惑度によっても測ることができる．

【[(49)] ～ [(53)] の選択肢】

ア．TQM　イ．品質重視　ウ．マーケットリサーチ
エ．継続的　オ．マーケットイン　カ．プロダクトミックス
キ．TPM　ク．TQC　ケ．プロダクトアウト
コ．顧客満足

【[(54)] [(55)] の選択肢】

ア．品質は工程でつくり込め　イ．満足度　ウ．目で見る管理　エ．充実度
オ．後工程はお客様　カ．場所

問題 1.3

[第28回問9]

【問9】 次の文章において，[　　] 内に入るもっとも適切なものを下欄のそれぞれの選択肢からひとつ選び，その記号を解答欄にマークせよ．ただし，各選択肢を複数回用いることはない．

① 現代日本の品質管理の基礎づくり（考え方も含む）に影響および貢献した代表的な人達がいる．その一人は米国ベル研究所の研究者だったシューハート博士である．博士は，“過去の経験を利用して，ある現象が将来どのように変化していくかを予測できる場合，この状態を管理されている”と言った．この博士の [(49)] という考えは，工程管理のための代表的なツールである [(50)] に活かされている．

② 日本に招へいして協力を求めたのが，米国の統計学者であったデミング博士である．博士は1946年の来日の後，1950年に再来日し，日本の技術者・経営者・学者などを前に，統計的プロセス制御と品質の概念の講義を行った．この講義の中で，生産活動を設計，生産，販売，調査・サービスと四つの部分に分け，これが円になっており，この円は品質を重視する観念と，品質に対する [(51)] が大切であると主張した．この円は後に [(52)] サイクルと呼ばれるようになった．さらに，博士は受講者に対しビーズ実験などをとおして統計的方法についてわかりやすく解説し，統計的な考え方が経営のあらゆる段階で使えることを強調した．

③ 次に来日したのは，米国のコンサルタントであったジュラン博士である．博士が1954年に来日し行った品質管理講習会の講義は，『経営の目的は何か．品質管理こそ経営そのものである』という趣旨の内容であった．この講義の中で，“企業である以上，利益を確保しなければならない．そのためには，消費者の要求する品質を明らかにし，これを実現することが必要である”と主張した．これは常に消費者のために商品を企画すること，そして消費者の満足を得ることに企業目標をおくことが必要で，生産者側の制約条件を重視しがちな [(53)] の企業活動から，消費者の要求を第一に考慮した [(54)] に移るべきということを教えた．この博士の主張は現在の [(55)] の起点になっているとも言われている．

【[(49)] [(50)] の選択肢】

ア．符号検定　イ．工程能力図　ウ．製造品質　エ．管理図　オ．分散分析
カ．統計的解析　キ．有意水準　ク．統計的管理状態

【[(51)] [(52)] の選択肢】

ア．マネジメント　イ．工程解析　ウ．責任感　エ．知識
オ．データカード　カ．デミング　キ．ディベート　ク．環境

【[(53)] ～ [(55)] の選択肢】

ア．企画重視　イ．設備重視型
ウ．市場中心型　エ．重点指向
オ．情報管理　カ．自然適応型
キ．生産中心型　ク．TCO(Total Cost of Ownership)
ケ．TQM(Total Quality Management)　コ．TPM (Total Productive Maintenance)

2 級

第 2 章

品質の概念

2. 品質の概念

品質という言葉は様々な場面でよく使われるが，そもそも品質の定義や種類，考え方など様々である．QC 検定レベル表では“品質の概念”として以下の項目で構成されている．

・品質の定義

・要求品質と品質要素

・ねらいの品質とできばえの品質

・品質特性，代用特性

・当たり前品質と魅力的品質

・サービスの品質，仕事の品質

・社会的品質

・顧客満足（CS），顧客価値

以下に，各項目を解説する．

(1) 品質の定義

品質とは，JIS Q 9000 において“対象に本来備わっている特性の集まりが，要求事項を満たす程度”と定義されており，品質は，性質，性能の集合概念である．つまり，品質は，お客様が求める価値と提供された製品又はサービスとの適合具合と考えることができる．

(2) 要求品質と品質要素

JIS Q 9025:2003 によると，要求品質とは“製品に対する要求事項の中で，品質に関するもの”である．お客様の声として市場から収集し，分析することでお客様が求めている品質を把握することができる．これが要求品質である．

また，製品又はサービスの要求品質は，構成している性質，性能に品質展開という方法で分解して，個々の性質，性能について論じられることがよく行われている．この時に展開された個々の性質，性能を品質要素と呼ぶ．日常用語的には，品質要素のことを単に品質と呼ぶこともしばしば行われている．

(3)　ねらいの品質とできばえの品質

ねらいの品質は，設計品質とも呼ばれ，品質特性に対する品質目標のことであり，製造の目標としてねらった品質のことである．また，できばえの品質は，ねらいの品質で設定した品質目標に対して，それをねらって製造した製品の実際の品質のことで，製造品質や適合品質ともいう．できばえの品質はねらいの品質に対してばらつきをもつ．

(4)　品質特性，代用特性

品質特性とは，顧客のニーズや期待に関連する，製品，プロセス又はシステムに本来備わっている特性のことである．例えば，電化製品の安全性やデザインなどを意味する．製品の価格や所有者など，本来備わっていない付与された特性は品質特性とはならない．

代用特性とは，技術的，あるいは経済的側面から，要求される品質特性を測定することが困難なとき，その代用として用いる測定が比較的容易な他の品質特性のことである．例えば，スポット溶接の強度は真の品質特性であるが，その測定は破壊して得ることとなる．製品を破壊するとロスコストが発生することになるので，溶接の電流と強度の関係が一定であることがわかっていれば電流を測定することで強度を知ることができ，この場合，溶接電流が溶接強度の代用特性ということになる．

(5)　当たり前品質と魅力的品質

顧客が，企業から提供された製品又はサービスの品質に対し，どのように感じているかについて情報収集をすると，魅力的品質，一元的品質，当たり前品質などに分類することができる．それぞれについて，二元的な認識方法で表した図（狩野モデル）を図 2.A に示し，同図に基づき解説する．

図 2.A より，それぞれの品質は以下のとおりと解釈できる．

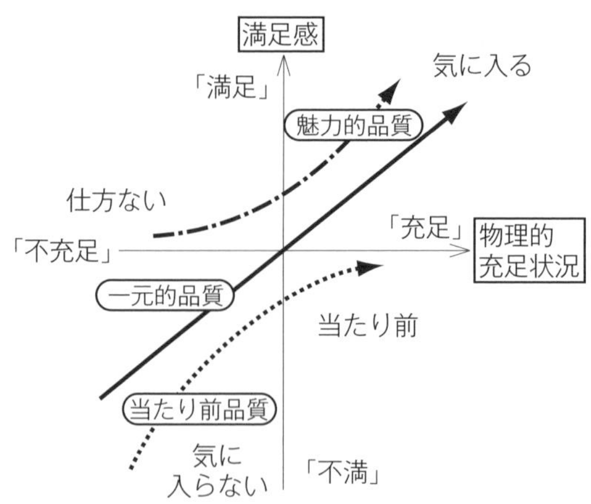

図 2.A 物理的充足状況と使用者の満足感との対応関係概念図
出所 狩野紀昭他（1984）：魅力的品質と当たり前品質，品質，Vol.14, No.2, p.39–48

・魅力的品質（図内の一点鎖線部分）は物理的充足状況が充足されていれば満足となり，充足していなくても仕方ないと受け入れられる．

・一元的品質（図内の実線部分）は，物理的充足状況が充足されていれば満足となり，充足していなければ不満となる．

・当たり前品質（図内の破線部分）は，物理的充足状況が充足されていても満足とも不満足ともならないが，充足していなければ不満となる．

また，図 2.A にはないが，“無関心品質”と“逆品質”についても述べておく．

・無関心品質は，物理的充足状況が充足されていても充足されていなくても満足も与えず不満も引き起こさない．

・逆品質は，物理的充足状況が充足されているのに不満を引き起こしたり，不充足であるのに満足を与えたりする．

(6) サービスの品質，仕事の品質

一般に，物については，出来ばえが良いとか悪いという程度を客観的にとらえることができ，わかりやすい．一方，サービスや仕事そのものについては，

その行為に対する対応や仕事の結果の良し悪しを客観的に解釈するは難しい．しかし，品質の本来の意味は“質（quality）”であり，物（製造された製品・部品）だけではなく，行為（サービスや仕事そのもの）に対しても使われる．行為に対する対応や仕事そのものの良し悪しをサービスの品質，仕事の品質という．

(7)　社会的品質

社会的品質とは，製品・サービスが購入者・使用者以外の社会や環境に及ぼす影響の程度のことをいう．代表的なものに，CO_2 をはじめとする温室効果ガスによる地球温暖化問題や騒音などの環境問題が挙げられる．CO_2 は少なければ少ないほど，騒音は小さければ小さいほど品質が優れていると考えることができ，社会的品質を高めるためにはその低減が行われなければならない．TQM のステークホルダーには“社会”も含まれる．社会的責任（CSR）が企業価値の一つとなる．

(8)　顧客満足（CS），顧客価値

顧客満足とは，顧客の要求が満たされている程度に関する顧客の受け止め方のことである．英語で顧客満足は Customer Satisfaction と表され，その頭文字をとって，CS と略される．

また，顧客価値とは，顧客が適正と認める価値のことである．

引用・参考文献

1）吉澤正編(2004)：クォリティマネジメント用語辞典，p.186, p.298, p.307, p.308, p.333, p.440, p.445, p.522, p.580, p.581, p.582，日本規格協会

●**出題のポイント**

品質の概念に関して2級で求められるレベルは，“実務で運用可能”である．このことから，品質は，物（製造された製品・部品）だけでなく，行為（サービスや仕事そのもの）にも適用して常に良し悪しを確認し，次につながるアクションを考えて進めていくことが必要となる．

また，そもそも購入していただくお客様は何を要求していて，それを物や行為にどう織り込んでいくか，加えて，ねらった品質に対し，できばえはどうか，さらには，環境への負の問題ないか，など，全ての仕事の中で品質を念頭に置いて仕事を進めていくことが大事となる．QC 検定の問題を解くにあたっては，これらの一つひとつを理解し，実務の中での運用方法についても理解をしておく必要がある．

問題 2.1

［第9回問12］

【問12】　品質の基本的なとらえ方に関する次の文章において，［　　］内に入るもっとも適切なものを下欄のそれぞれの選択肢からひとつ選び，その記号を解答欄にマークせよ．ただし，各選択肢を複数回用いることはない．

① 品質論においては，常に，物理的性質を問題にする［(63)］側面と，人間の価値判断，好みにまで言及する［(64)］側面の二つの側面をめぐって議論が展開されている．

② 品質管理の分野においては，従来から品質を［(65)］と［(66)］に分けてとらえる見方がある．［(65)］とは，設計図，製品仕様書などに定められたとおりに作られた製品の品質であり，［(67)］とも呼ばれる．［(65)］の良し悪しは，ねらいとした製品仕様が［(68)］に合致している程度で定められる．一方，［(66)］とは，［(65)］を実際に製品として製造する際の品質で，［(69)］，適合品質とも呼ばれる．［(66)］の良し悪しは，［(65)］として要求された品質特性値に合致している程度で定められる．

③ 製造不適合品や品質特性値のばらつきのかなりの部分は［(66)］の問題である．この点からすれば，［(66)］が［(65)］への合致の程度であり，［(65)］が［(68)］への合致の程度であることをみれば，これらに共通する［(70)］でのねらいへの合致の程度が品質管理における品質理念の根幹にあることがわかる．

④ ［(65)］における［(68)］は，これが顧客からメーカーに対して仕様として明確に定められる場合と，メーカーが不特定多数の買い手を対象にして自ら仕様を定める場合とがある．後者においては，設定した仕様が，価格を含めて，［(68)］に合致していることが不可欠であり，この仕様の作成は，品質管理活動のひとつの重要なステップとなる．このステップで作られる品質を［(65)］と区別して［(71)］と呼ぶことがある．［(65)］と［(66)］が品質の［(63)］側面を主としているのに対して，この［(71)］は［(64)］側面を主としたものであるといえる．

【［(63)］～［(66)］の選択肢】

ア．製造品質　イ．機能品質　ウ．使用適合的　エ．客観的　オ．設計品質
カ．市場品質　キ．仕様適合的　ク．主観的

【［(67)］～［(69)］の選択肢】

ア．ねらいの品質　イ．品質水準　ウ．使用者の満足　エ．できばえの品質
オ．管理水準　カ．損失　キ．顧客の要求　ク．精度

【［(70)］［(71)］の選択肢】

ア．魅力的品質　イ．当たり前品質　ウ．下流　エ．社会的品質
オ．企画品質　カ．製品規格　キ．源流

問題 2.2

［第 18 回問 12］

【問 12】 品質の概念に関する次の文章において，[　　] 内に入るもっとも適切なものを下欄のそれぞれの選択肢からひとつ選び，その記号を解答欄にマークせよ．ただし，各選択肢を複数回用いることはない．

① 充足されれば顧客が満足し，たとえ充足されていなくても仕方がないとして不満を感じない品質を [(69)] 品質という．

② 環境変化に対応して企業の成長・発展を図っていくには，新製品の開発，新規事業分野の開拓などによって事業の拡大を図ることが必要となる．事業の拡大には，顧客の顕在的ニーズの実現を図ると同時に，[(70)] なニーズを発掘し，このニーズに基づいて顧客の感動をよぶような品質の [(71)] を行い，新しい顧客の獲得を実現することが必要となる．

③ それを実現するためには，[(72)] 型 QC ストーリーを活用して，[(73)] を生み出し，それがこの品質になりうることを検証することが重要である．

④ この品質も時間の経過とともにそれがついていなければ不満，ついていれば満足という状態に変化する．この状態を [(74)] 品質という．さらに時間が経過し成熟期を迎えると，それがついていなければ顧客は不満をいだき，一方，ついていたとしても当たり前としてとらえるようになる．この状態を [(75)] 品質という．

【[(69)] ～ [(72)] の選択肢】
ア．絶対的　イ．問題解決　ウ．課題達成　エ．魅力的　オ．創造
カ．潜在的

【[(73)] ～ [(75)] の選択肢】
ア．多元的　イ．アイデア　ウ．当たり前　エ．一元的　オ．当然
カ．解決案

問題 2.3

[第 8 回問 12]

【問 12】　品質に関する次の文章において，[　　] の中に入るもっとも適切なものを下欄の選択肢からひとつ選び，その記号を解答欄にマークせよ．ただし，各選択肢は複数回用いることはない．

表 12.1 は，五つの品質要素に対するそれぞれの定義とその実際の状況例（ビジネスホテルに宿泊したときの状況例）をまとめたものである．

状況例は，地方工場に工程管理の状況を調査に来た K さんが近くのビジネスホテルに宿泊したときのものである．それぞれの状況が，K さんにとってどのような品質要素に該当するかを考えて，定義と状況例の欄を埋め，表 12.1 を完成せよ．

表 12.1　品質要素の定義とその実際の状況例

品質要素	定　義	状況例
魅力的品質要素	[(57)]	[(62)]
一元的品質要素	[(58)]	[(63)]
当たり前品質要素	[(59)]	[(64)]
無関心品質要素	[(60)]	[(65)]
逆品質要素	[(61)]	[(66)]

【[(57)] ～ [(61)] の選択肢】

ア．それが充足されれば満足を与えるが，不充足であっても仕方がないと受けとられる品質要素

イ．充足されているのに不満を引き起こしたり，不充足であるのに満足を与えたりする品質要素

ウ．それが充足されれば満足，不充足であれば不満を引き起こす品質要素

エ．充足でも不充足でも，満足も与えず不満も引き起こさない品質要素

オ．それが充足されても満足も与えず不満も引き起こさないが，不充足であれば不満を引き起こす品質要素

【 (62) ～ (66) の選択肢】

ア．部屋のテレビには，有料のプログラムが視聴できるとあったが，興味も関心もないので，その機能があろうがなかろうがどうでもよかった．

イ．エアコンを操作したが，暑すぎたり寒すぎたりで，ちょうどよい温度に設定できなかった．フロントへ電話して，部屋を変えてもらった．

ウ．翌朝のチェックアウトが早く，朝食は取れない時間であった．フロントに相談したところ，メニューに一部間に合わないものもあったが，早めに準備してもらえることになった．翌朝は，朝食をとって出発することができた．

エ．ベッドのサイズはやや大きめであり，手足を伸ばしてゆっくり眠ることができる．以前のホテルでは，ベッドが小さく，頭がぶつかってしまい，次からは別なホテルに泊まることにしたことがある．

オ．部屋にはハーブの香りのする芳香剤が置かれていたが，その香りはKさんの好きなものではなかった．しばらく窓を開け，匂いを外に出した．

問題2.4

[第12回問14]

【問14】 品質の概念に関する次の文章において， 内に入るもっとも適切なものを下欄の選択肢からひとつ選び，その記号を解答欄にマークせよ．ただし，各選択肢を複数回用いることはない．

X社の新製品のセールスポイントは“10年間メンテナンスしなくても良好に動作する”ことである．

① “10年間メンテナンスフリー”という性能は，製品Xの本来機能に加えて顧客にとって (71) と考えられる．

② この性能は，企画段階において，これまでの使用者の意見・要望を調査して決定した．これを実現するために，設計，使用材料，加工・組立・調整などの工程についても，必要な内容を整えて製造することにした．このような意味で“10年間メンテナンスフリー”は (72) と呼ばれる．

③ (72) に対して，実現された製品Xの性能は (73) と呼ばれる．

④ “10年間メンテナンスフリー”の性能を確認するためには，実際以上の過酷な使用条件のもとでの (74) を行うほか，別の特性でこの性能を確かめることもできる．この特性は (75) と呼ばれる．

【選択肢】

ア．当たり前品質　イ．できばえの品質　ウ．魅力的品質　エ．ねらいの品質
オ．試用試験　カ．加速試験　キ．顧客モニター　ク．競合特性
ケ．代用特性

2 級

第 3 章

管理の方法

3.1 維持と改善，PDCA・SDCA，継続的改善，問題と課題

“管理の方法”分野内の“維持と改善”，“PDCA・SDCA”，“継続的改善”“問題と課題”分野の概要を示す．

(1) 維持と改善

維持と改善は以下の活動を示す．

維持活動：よい仕事をするために，決められた手順に従って作業することにより，目的に合致したばらつきのない製品やサービスを安定・継続して生み出していくこと

改善活動：現在の製品やサービスの品質をよりよくしたり，原価を下げたり，納期を短縮したりするために仕事のやり方を変えること

維持活動と改善活動を合わせて“管理活動”と呼ぶ．特に，“改善”については，JIS Z 8141:2001 で以下のように定義されている．

> **改善**
>
> 小人数のグループ又は個人で，経営システム全体又はその部分を常に見直し，能力その他の諸量の向上を図る活動

改善活動は以下で示す PDCA のサイクルを回し，維持活動は SDCA のサイクルを回しながら進めていく．

(2) PDCA，SDCA

PDCA は，P（Plan：計画），D（Do：実施），C（Check：点検），A（Act：処置）であり，SDCA は，S（標準化：Standardize），D（Do：実施），C（Check：点検），A（Act：処置）である．

PDCA の以下の実施事項を順次実行していく．

P：仕事の目的や内容をよく理解して目標を立て仕事の進め方を計画する．

D：どのようにやればよいかを決め，準備を進め，みんなで実施する．

C：実施状況を把握し，適切に活動が行われているか，その結果が期待したようになっているかを確認・解析し，問題とその原因を究明する．

A：究明された原因を基に改善すべき事項を特定し，改善に取り組む．

PからAまで実行した後，また次の活動のPを行いAまで実行しプロセスのレベルアップを図っていくことを“PDCAのサイクルを回す”又は“PDCAを回す”と呼ぶ．PDCAのP（Plan：計画）の代わりにS（Standardize：標準化）としたのがSDCAであり，以下の実施事項である．

S：既に確立されている方法を標準化する．

D：標準どおり実施する．

C：実施状況を把握し，異常や問題が発生していれば，標準の不十分さ，標準を守る仕組みの弱さなどの原因を究明する．

A：究明された原因を基に改善すべき事項を特定し，標準を改訂する，又は標準を守るための仕組みに改善する．

PDCAとSDCAのサイクルを回して仕事の仕方をレベルアップさせていく図を図3.1.Aに示す．

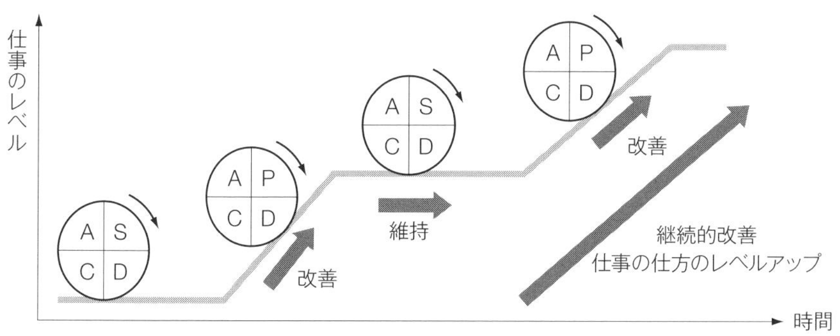

図3.1.A　PDCAとSDCAのサイクル
出所　『品質管理検定（QC検定）4級の手引き』

(3) 継続的改善

組織は品質や工程，仕事などの改善活動を繰り返し持続的に行うことが大切で，このような改善活動を継続的改善と呼ぶ．JIS Q 9024:2003 や日本品質管理学会規格 JSQC-Std 31-001:2015 で定義されているが，JSQC-Std 31-001 の定義は JIS の定義を包含するため，この定義を示す．

> **継続的改善**
>
> 製品・サービス，プロセス，システムなどについて，目標を現状より高い水準に設定して，問題又は課題を特定し，問題解決又は課題達成を繰り返し行う活動

(4) 問題と課題

問題は，目標を設定し，目標達成のためのプロセスを決めて実施した結果，目標とのギャップが発生したことをいう．課題は，新たに設定しようとする目標や，将来の“ありたい姿”と現実とのギャップをいう．JIS Q 9024:2003 で以下のように定義されている．

> **問題**
>
> 設定してある目標と現実との，対策として克服する必要のあるギャップ．
>
> **課題**
>
> 設定しようとする目標と現実との，対処を必要とするギャップ．

引用・参考文献

1) JIS Z 8141:2001，生産管理用語
2) JIS Q 9024:2003，マネジメントシステムのパフォーマンス改善―継続的改善の手順及び技法の指針
3) 日本品質管理学会規格 JSQC-Std 31-001:2015，小集団改善活動の指針
4) 品質管理検定センター(2019)：品質管理検定（QC 検定）4 級の手引き

●出題のポイント

管理の方法は出題頻度が高い分野である．本節の対象分野においても QC ストーリーと同様に出題頻度が高く，特に用語の意味や文章中の空欄に用語をあてはめる問題が多い．特に 2 級の問題は，管理の方法の分野の中でも QC ストーリーと問題と改善など複数の分野を絡めて出題されることが多い．このため，関連する用語の意味を単独で理解するだけでなく，複数の分野の出題に対応できるように，実践場面での各用語の使われ方や定義を理解しておく必要がある．理解しておくべき用語としては，それぞれの分野名称でもある“維持と改善”，“PDCA，SDCA”，“継続的改善”，“問題と課題”や関連する用語として 5S，4M，三現主義，5 ゲン主義，標準化，QC ストーリーなどである．文章中の空欄への用語のあてはめは，空欄の前後の文脈から類推することが多いが，各用語の定義が基になっているため，用語の定義をしっかり理解しておくとよい．

問題 3.1.1

［第 19 回問 9］

【問 9】　管理と改善に関する次の文章において，[　　] 内に入るもっとも適切なものを下欄のそれぞれの選択肢からひとつ選び，その記号を解答欄にマークせよ．ただし，各選択肢を複数回用いることはない．

精密部品の生産をしているA社では，現場の管理や改善活動の基本について，指導・教育を行っており，その進め方のポイントは次のとおりである．

① 現場における品質管理は，事実を示すデータで実態を把握し，解析を行う [(56)] が重要である．

② 問題を解決するためには，現場に行って，現物を見て，現実を知ることが重要である．この [(57)] を基本として，さらに把握した事実を原理・原則に照らして状況を判断する [(58)] を徹底している．

③ 現場においては，作業手順書などにより，現在の技術水準や管理水準を維持していくことで管理を行っている．異常が発生した場合は，再検査や手直しなどの応急処置をとり，さらにその発生原因を追究して [(59)] に対して是正処置をとって安定した状態を維持している．

【[(56)] ～ [(59)] の選択肢】

ア．結果　　イ．4M　　ウ．事実に基づく管理　　エ．5ゲン主義
オ．仮説　　カ．方針管理　　キ．真の原因　　ク．課題解決
ケ．三現主義

④ 品質水準が向上したら，その改善成果を維持するために，作業手順の変更や設計変更に対応した [(60)] を行い，その成果を日常化させている．この [(60)] が不十分であると改善前の状態に戻ってしまう．

⑤ 管理と改善は，技術水準や管理水準を高めていくための重要な活動であり，段階的に進めていくことが大切である．既に方法が明確になっているとき，この方法を維持していくための管理のサイクルである [(61)] を確実に行い，さらに水準を高めていくためには，改善計画に基づいて，基本となる管理のサイクルである [(62)] を推進している．

⑥ これらの現場の管理・改善活動の基本となるのが [(63)] （整理，整頓，清掃，清潔，躾）であり，各職場では [(63)] を徹底しているため，改善に取り組む課題を容易に [(64)] させることができて成果につながっている．

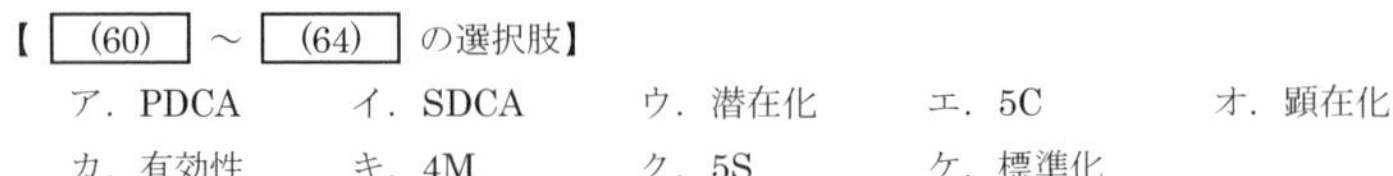

【[(60)] ～ [(64)] の選択肢】

ア．PDCA　　イ．SDCA　　ウ．潜在化　　エ．5C　　オ．顕在化
カ．有効性　　キ．4M　　ク．5S　　ケ．標準化

問題 3.1.2

[第 21 回問 10]

【問 10】　管理の方法に関する次の文章において，□内に入るもっとも適切なものを下欄のそれぞれの選択肢からひとつ選び，その記号を解答欄にマークせよ．ただし，各選択肢を複数回用いることはない．

J 社は，顧客や社会のニーズを満たす製品・サービスの実現を目指し，全員参加で改善活動を実施している．改善活動によって，ある製品の品質項目の特性値は他社製品をしのぐ水準まで高められたが，日時の経過とともに元の水準に戻っていることが，品質監査で指摘された．自社製品の品質項目を調査したところ，同様の事例がほかにもあることがわかった．そこで，次のことを確認し，再発防止対策を検討することにした．

① 再発防止対策の検討にあたり，管理の考え方を整理する必要がある．管理は，経営 (52) に沿って，ヒト，モノ，カネ，情報などさまざまな資源を最適に計画し，運用し，継続的にかつ効率よく (52) を達成するためのすべての活動であり，維持向上，改善，革新が含まれる．

② 指摘された事例から判断すると，管理における狭義と広義の 2 つの意味合いを周知する必要があると考えられる．狭義の管理は，計画し，運用しているものに対して，維持向上する意味合いである．広義の管理は，計画し，運用しているものに対して，維持向上に加えて，改善，革新の要素を含み，(53) という意味合いがある．なお，(53) は，組織を指揮し，管理するための調整された活動と定義されることもある．

③ 管理を狭い意味で使う場合は，仕事のできばえを望ましい状態に安定させるための (54) の活動が中心になる．一方，製品・サービス，プロセス，システムなどについて，あるべき姿と現状の姿から，(55) を特定し，その解決を繰返し行うという，(56) を目指す活動を重視しているのが改善である．(55) とは，設定してある目標と現実との，対策して克服する必要のあるギャップのことである．

【 (52) ～ (56) の選択肢】

ア．品質　イ．マネジメント　ウ．現状把握　エ．目的　オ．現状打破
カ．分析　キ．統制　ク．問題　ケ．契約　コ．維持

④ (56) のための改善による成果を生んだ方策は，(57) 化し，その成果を持続することが不可欠である．今回の事例は，(57) 化が確実でなかったために改善の成果を持続できなかったことが大きく影響していると思われる．改善の成果は，車の両輪のようにあい補う (54) があって初めて持続するという考え方が大切である．

⑤ (54) は，日常の仕事を (57) どおりに実施して結果を確認し，結果がよければ現状の仕事のやり方を継続していく．また，今までうまくいっていたものに (58) が発生したり，管理限界を外れたりなど結果が望ましくない場合は，(57) どおりに仕事をしたのか，または他に何か (55) がないのかなど，原因を追究して除去し，もとの状態に戻す．さらに，よ

りよい結果を得るためにプロセスを一部変更する活動も含まれる. (54) は, (59) のサイクルを回すことを主体とする活動である.

【 (57) ～ (59) の選択肢】

ア. 要求品質　イ. PDPC　ウ. 異常　エ. 不可避原因　オ. 方針
カ. SDCA　キ. 偶然原因　ク. 標準　ケ. シナリオ　コ. 品質特性

問題 3.1.3

[第 27 回問 14]

【問 14】 改善活動に関する次の文章において, ＿＿ 内に入るもっとも適切なものを下欄の選択肢からひとつ選び, その記号を解答欄にマークせよ. ただし, 各選択肢を複数回用いることはない.

A 社は精密金属部品の加工メーカーであり, 品質保証部門では, “切粉とチョコ停” を当社の課題として認識している. 部品の旋削加工を行うと, 作業台, 製品廻りに切粉がからみ, 放置すると “ダマ” となり, 装置がたびたび停止 (チョコ停) する.

チョコ停が発生すると, 未加工品の混入やダブル加工など人的要因による品質問題に繋がっていた. また, 切粉が製品へ飛散することによる品質問題も多発しているので, 切粉がからまない設備への改造か, “ダマ” にならないうちに適宜早めに切粉を除去することが必要だが, 人手不足でそこまで手が回らないと作業者は弁明していたので品質保証部門では, 以下の改善活動を実施した.

なお、工場内には切粉が散乱しているが, 対応として, 構内に常駐している清掃業者が 30 分に 1 回, 飛散した切粉回収を行うとともに, 作業者が日に 2 回切粉の清掃を行っている.

① “ダマ” になる前に切粉を除去できる工数を確保するため, 加工作業をビデオで撮影し, 動作分析を実施し, (80) の観点から作業改善を行った.

② 切粉が絡まない, また切粉が飛散しない設備に改善するために, 対象機を絞り, QC サークル活動のテーマとして取り上げたが, 製造部門だけでは解決が難しく, (81) 部門の支援を受けつつ活動を開始した.

③ 飛散切粉の清掃は, 構内常駐清掃業者任せであったことも問題だったので, “自分の職場や自分の設備は自分で守る” という認識をもたせるため, (82) 活動の徹底と (83) の自主保全活動に取り組んだ.

【選択肢】

ア. 生産技術　イ. 5M　ウ. 不適合　エ. 3 ム　オ. TQM
カ. TPM　キ. 営業　ク. 5S　ケ. 3 現　コ. 適合

3.2　QCストーリー

(1)　QCストーリーとは

QCストーリーは，改善活動の成果を報告するステップとして広く使用される．QCストーリーの流れでまとめると取り上げたテーマの重要度（テーマの選定と現状把握）から原因追究（要因解析），対策の正当性（対策検討）などが論理的一貫性をもち，関係者にわかりやすくなる．このようなQCストーリーによるまとめは，組織にとっては改善事例の蓄積につながるものである．

そこでQCストーリーの流れに沿って問題・課題に取り組むとよい結果につながるとして，問題解決や課題達成におけるいろいろな場面で活用することが推奨されている．QCストーリーの流れはPDCAを回す活動において，行うべき内容を具体的にし，ステップとして手順を踏んでいくことで実践できるようにするものである．

これは小集団活動だけでなく，スタッフの業務においても適用可能である．様々な業務に適用できるように，発生した問題を解決する問題解決型と，新たに取り組むべき課題を設定し，それを達成する課題達成型に分類される．

(2)　テーマの選定

QCストーリーの手順について押さえておきたいいくつかのポイントがある．

QCストーリーに則った改善を進めるときに，まずテーマの選定について注意しなければならない．取り組もうとする内容が具体的に職制により指示されている場合などに“○○による○○の不良低減”というように改善の手段が特定化される表現になることがある．この解決手段の選定は対策を検討するというQCストーリーの重要な手順であり，それをテーマに掲げることは対策検討内容に制限を加えて，解決策につながる対策を十分に検討せず見落とすことにつながる可能性があるため避けるべきである．

(3)　ギャップ

テーマ選定の結果，手順の内容は問題解決型と課題達成型に分かれるが，どちらも現状をきちんと調べ直してみる事が必要である．現状とあるべき姿あるいは理想とする状態との間のギャップが問題・課題であるため，これを解消することが問題解決・課題達成の基本となる（図 3.2.A）．現状を調べ把握することにより，このギャップがきちんと捉えられ何をどこまでやればよいのか，という目標が見えてくる．この現状把握を怠ると改善成果を確認するときに，どれだけ改善できたかを把握しにくくなる点においても大事なポイントである．

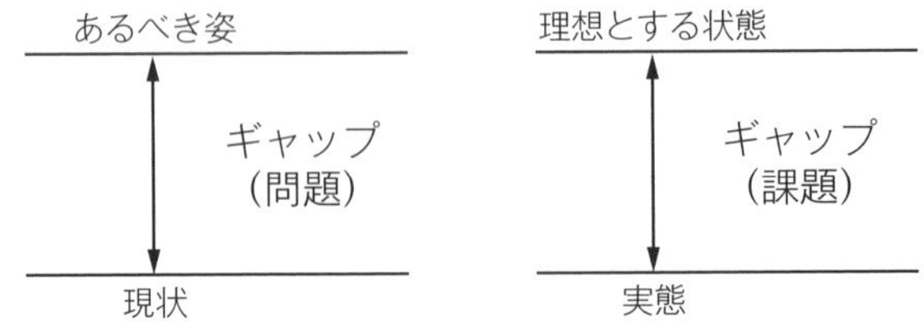

図 3.2.A　問題とは

(4)　要因解析

ギャップがきちんと捉えられると，問題解決型においてはこのギャップを生み出しているものは何かを明確にする要因解析を行う．この手順は QC ストーリーにおいて最も重要な手順と考えられているが，きちんと要因を洗い出し，その中から統計的手法を使って原因を絞り込むことにより，改善が手戻りなく進められる．要因の洗い出しが不十分でギャップの原因をきちんと追究できないままに対策を考えると，不十分な結果になったり，ギャップを再度引き起こしてしまう場合が多い．

(5)　対策検討

このように対策検討は要因解析による原因追究の手順がきちんと行われた後に取り組む内容であり，原因に対する対策でなければ改善行為が客観的な信頼を得られない内容になることに注意すべきである．

課題達成型の場合には，課題そのものが新たなことへの取組みの場合が主であるため，ギャップの要因を解析するための情報・データが少ないため，対策をアイデア発想する．ここでは多くのアイデアを出し，それをどのように組み合わせ，どのような順番・タイミングで進めると課題達成につながるか，策を絞り込み改善を成功につなげるシナリオを描くことを行う“成功シナリオの追求”が大切である．

問題解決型における要因解析後の対策立案，課題達成型における成功シナリオ追求が納得のいくものであれば，これを実施した結果の効果を確認，標準化するという手順を進めていくことになる．

(6)　反省と今後の対応

QCストーリーは仕事の進め方として捉えられ，様々な場面で活用されることが期待されるが，仕事としては結果が十分であることに加え，次に向けてどうするかという点も押さえておきたいポイントである．実施した手順を振り返って反省してみることで，次からよりよい改善を行えるようなヒントを見いだす．あるいは目標は達成しているもののやり残したこと，同じ改善を水平展開できる可能性等を検討しておくことが次の仕事・改善につながる大切なことである．

以上の流れは，ポイント解説においても確認できる．

引用・参考文献

1)　JIS品質管理責任者セミナーテキスト品質管理第10版第7刷，p.184，図22.1，日本規格協会

ポイント解説

QC ストーリーの手順について

QC ストーリーには“問題解決型 QC ストーリー”と“課題達成型 QC ストーリー”があり，目的に応じて使い分けるとよい．それぞれの手順を**解説図**に示す．

問題解決型 QC ストーリーでは，基本的な流れは同様ながら，ケースによって“現状の把握と目標の設定”の後に“活動計画の作成”のステップを設ける形，対策の立案と実施をまとめて一つのステップとみなす場合などもある．

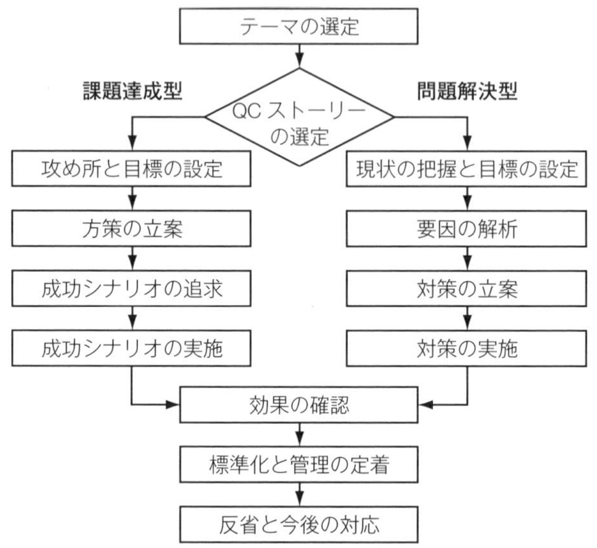

解説図　QC ストーリーの手順

出所　吉澤正編(2004)：クォリティマネジメント用語辞典，p.89，日本規格協会

●出題のポイント

傾向として，2 級では課題達成型の出題が多い．問題解決型についての設問も見られるが，課題達成型との対比の意味で取り上げられているパターンが主である．

QC ストーリーに関する出題で重視されているテーマは次の 2 点である．

① 課題達成型のステップ内容

問題解決型との違いを見分けることに焦点が当てられている．問題と課題の違いを見極めて，取り上げられた事例がどちらの型かを判断するパターンも多い．課題達成型のステップ内容をきちんと進めるときの注意点や手法の使い方についてもあわせて問われている．

② 課題達成型を事例に沿って考える

具体的な事例を挙げて，その中で課題達成型の進め方について問う形の設問が複数回出題されている．事例の内容は様々だが，課題達成型の進め方で問題解決型と違う点に着目する設問が多い．ステップの“方策の立案”からの流れは，問題解決型にはないアイデア発想を必要とする点が大きな違いである．この部分において使用する手法，注意すべき点などがピックアップされている．

学習へのアドバイスとして，“問題”と“課題”の違いを見分けられるようにしておくことが重要である．また，課題達成型の流れを身に着けて方策の立案（アイデア発想）の考え方，よく使われる手法をマスターしておくとよい．

問題 3.2.1

[第 12 回問 17]

【問 17】 現場を管理しているとさまざまな問題に遭遇する．品質管理では問題解決を行うときに問題の性質により，問題解決型の手順または課題達成型の手順を使いながら QC ストーリー的にまとめていくとよいといわれているが，次の事例 1～事例 5 の場合は，いずれの手順を使用することが一般的か．問題解決型の手順であれば“ア”，課題達成型の手順であれば“イ”を選び，その記号を解答欄にマークせよ．ただし，各選択肢は複数回用いてもよい．

事例 1： 最近 3 か月間の製造不適合が昨年実績に比べて約 20%増加しており，課長から“早急に昨年並みの不適合品率まで低減するように”との指示があった． (89)

事例 2： 吉田さんは昨年から製造 2 課の係長に抜擢された．このたび製造 2 課で長い間生産していた製品を海外に移管することになり，その準備の責任者になった．工場長からは“1 か月以内に国内並みの品質レベルまで持っていくように”と指示された． (90)

事例 3： K 電子機器についてはコスト競争が厳しく，これまでかなりの改善を行ってきたが，最近，海外から 20%も安い商品が出回ってきた．課長から“これに対応していくためには従来のやり方にこだわらず，新しい発想で考え対策せよ”と指示された． (91)

事例 4： 当社では A，B，C の 3 種類の製品を生産してきた．これらは主にテレビ用に販売していた．一方，競争メーカーの X 社も C 商品を作っているが，X 社は自動車用エレクトロニクス分野での販売を飛躍的に伸ばしていることから，社長より“これから自動車用エレクトロニクスが伸びるので当社もこの分野に参入して今年度 2 億円の販売を増やせ”との指示があった． (92)

事例 5： 最近設備の老朽化に伴い，チョコ停が発生しはじめた．発生状況は先々月から停止回数を記録しており，データを確認すると先々月が 4 回，先月は 5 回発生していた．設備担当が都度調整・修理しているが，製造課長から“その原因を突き止めてチョコ停 0（ゼロ）に挑戦するように”との指示があった． (93)

【選択肢】

ア．問題解決型の手順　　イ．課題達成型の手順

問題3.2.2

［第13回問15］

【問15】 次の文章は，ある会社での課題達成型QCストーリーを用いた取組事例である．[　　] 内に入るもっとも適切なものを下欄のそれぞれの選択肢からひとつ選び，その記号を解答欄にマークせよ．ただし，各選択肢を複数回用いることはない．

① 手順1： テーマの選定

手順2： [(81)] と目標の設定

手順3： 方策の立案

手順4： [(82)] の追求

手順5： [(82)] の実施

手順6： 効果の確認

手順7： [(83)] と管理の定着

【[(81)] ～ [(83)] の選択肢】

ア．標準化　イ．問題解決　ウ．原因と施策　エ．課題達成　オ．現状把握
カ．できない　キ．施策実行　ク．成功シナリオ　ケ．できる　コ．攻め所

② この取組みについて，上記の設問①の手順に準じて次のように実施した．

手順1では，問題・課題の洗い出し，問題・課題の絞り込み，問題解決の型（手順）の選択，テーマ選定理由の明確化，活動計画の作成を行った．

手順2では，図15.1の [(84)] 図を用いて要望レベルと現状レベルとの [(85)] を多面的に評価し，目標を設定した．

調査項目	要望レベル	現状レベル	[(85)]	方策を考える範囲や領域	評価項目				総合評価	採否
					a	b	c	d		
A	A1	A11	A12	A13						
B	B1	B11	B12	B13						
	B2	B21	B22	B23						
⋮	⋮	⋮	⋮	⋮	⋮	⋮	⋮	⋮	⋮	⋮
L	L1	L11	L12	L13						
M	M1	M11	M12	M13						
N	N1	N11	N12	N13						

図15.1

手順3では，方策案を列挙して絞り込んだ．

手順4では，［(86)］のひとつであるPDPC法を用いて計画のスタートからゴール（目的達成）に至る過程や手順を図表化し，課題を抽出して自動化するための解決策を検討した．解決策の不完全さや潜在的な欠陥を見出すために，信頼性手法のひとつである［(87)］を用いて構成要素の故障モードを識別し，影響を解析することによって不適合を未然に防止した．

手順5では，実行計画を作成し，実施した．

手順6では，当初設定した目標と実績を対比するとともに，計画どおりに活動できたかプロセス全体を評価した．

手順7では，活動成果を日常業務として遂行する組織を明確化し，標準の制定・改定と教育訓練を行い，［(88)］が定着していることを確認した．また，この活動による貴重な経験を次に生かすために，未対応・未解決部分を洗い出して今後の対応を明確化した．

【［(84)］～［(88)］の選択肢】

ア．方針管理　イ．QC七つ道具　ウ．FTA　エ．連関　オ．マトリックス
カ．FMEA　キ．新QC七つ道具　ク．ギャップ　ケ．SDCAのサイクル
コ．整合

問題3.2.3

［第21回問11］

【問11】　次の文章において，［　　］内に入るもっとも適切なものを下欄のそれぞれの選択肢からひとつ選び，その記号を解答欄にマークせよ．ただし，各選択肢を複数回用いることはない．

① 問題解決に用いられる方法を構成要素でとらえると，問題解決を進めるうえでの基本的な考え方，問題解決をどのように進めるかの具体的な手順，問題解決の手順の中で適用する手法などに分けられる．品質管理における改善活動の代表的なQCストーリーには，仮説を設定し，データの収集・検証に基づき真の原因を追究することを重視する［(60)］型QCストーリーと，新しい方策や手段を追究して新しいやり方を創出することを重視する［(61)］型QCストーリーがある．

② これらのQCストーリーは解決すべきテーマにより使い分けられることが多い．今まで経験のない新規業務への対応や現状を大幅に改善したいテーマに対して，現状の把握と要因の［(62)］を重視する［(60)］型QCストーリーでは解決が難しい場合，［(61)］型QCストーリーが活用される．

【［(60)］～［(62)］の選択肢】

ア．推測	イ．改善向上	ウ．解析	エ．思考	オ．課題達成
カ．問題解決	キ．点検	ク．改革	ケ．現状維持	コ．経験と勘

③ ［(61)］型QCストーリーを活用するにあたっては，取り組むテーマについて，経営活動の主要な目的である顧客満足と企業収益の向上などから定まる要望レベル（達成すべき目標）と現状レベルとのギャップを明確にし，その解決のためどこに重点をおいて方策を検討していくかという［(63)］を決める．そのうえで目標達成のために，チェックリスト法やブレーンストーミング法などを使って多くのアイデアを出し，その中から［(64)］を評価し，有効な方策をいくつか選出する．

④ 選出した方策を実現させる方法や手順をアローダイアグラム法やPDPC法などを活用して，目標達成に至る［(65)］としてまとめ，それを実施したときの［(64)］を予測する．さらに実施上の問題点やそれを取り除く手段を検討して，総合的に利害得失の評価を行い，その中から最適策を選定する．

【［(63)］～［(65)］の選択肢】

ア．失敗	イ．攻め所	ウ．損失	エ．5ゲン主義	オ．シナリオ
カ．仮説	キ．歯止め	ク．期待効果	ケ．役割分担	コ．可避原因

問題 3.2.4

［第 15 回問 15］

【問 15】 次の文章において，［　　］内に入るもっとも適切なものを下欄のそれぞれの選択肢からひとつ選び，その記号を解答欄にマークせよ．ただし，各選択肢を複数回用いることはない．

N 社では樹脂加工製品の生産を行っている．客先より S 製品の生産の大幅な生産依頼があった．担当の A 職場では，現状を改善し生産性を向上させ，この状況を乗り越えることとした．

① A 職場で今まで経験したことのない生産性の大幅向上への取り組みなので，［(77)］QC ストーリーでの活動が適切と考え，これに準じた活動を進めることにした．

② まず，達成すべき S 製品の生産量（目標）と現状にどの程度の乖離があるかを明確にし，これを埋めるために生産工程のどこを重点に方策を検討していくか，その着眼点である［(78)］をまず決めた．

③ 次に，この改善活動で，試行錯誤の繰り返しや［(79)］先行にならないように，さらに目標達成の可能性を高めるために，方策（解決策）の立案と［(80)］が重要なステップであると考え慎重に取り組むことにした．

④ 方策の立案では［(78)］に焦点をあて，目標達成に寄与すると考えられる方策案（アイディア）を関係者全員で討議し列挙した．列挙した結果を再度関係者全員で検討し［(81)］でまとめ，次の段階に進んだ．

⑤ 次の段階である［(80)］では，まとめられた方策案について，改善のために必要な費用と得られる利得という［(82)］的視点．目標が達成できるか，品質や安全面で副次的な問題が発生しないかという［(83)］的視点．現場の実務面で技能や工数等に支障はないかという［(84)］的視点等に留意し検討を行った．

⑥ この視点から選び出された方策について，実現させるための方法や手順について PDPC 法を活用し明確にした．また改善計画の進捗については［(85)］で明確にし，S 製品生産工程の改善実施に移行した．改善の実施では，A 職場全員，さらに前後工程や生産技術部門の関係者にも集まってもらい，改善計画の説明会を実施し承認を得るとともに協力を要請した．

【［(77)］～［(80)］の選択肢】

ア．攻め所　イ．展開プロセス　ウ．目標達成型　エ．対策　オ．要因の解析
カ．特性値　キ．課題達成型　ク．成功シナリオの追求　ケ．問題解決型
コ．標準化の推進

【［(81)］～［(85)］の選択肢】

ア．保全性　イ．管理　ウ．技術　エ．系統図法　オ．親和図法
カ．経済　キ．アローダイアグラム法　ク．作業
ケ．マトリックス・データ解析法

2 級

第 4 章

品質保証
—新製品開発—

4.1 結果の保証とプロセスによる保証，品質保証体系図，品質保証のプロセス，保証の網（QA ネットワーク）

品質保証とは，“品質要求事項が満たされるという確信を与えることに焦点を合わせた品質マネジメントの一部”（JIS Q 9000:2015）であり，この品質保証の活動は，顧客・社会のニーズ把握，製品・サービスの企画・設計・生産準備・生産・販売・サービスなどの各段階で行われている．

(1) 結果の保証とプロセスによる保証

結果の保証とは，できあがった製品・サービスが基準を満足しているか検査し，適合しない場合は取り除く，検査による保証のことである．第 2 次世界大戦後の日本では，この検査による保証が高度経済成長期（大量生産の時代）まで主流であったが，大量生産に加え製品・サービスも複雑化・大規模化してきたため，検査の工数や費用が膨大となり，検査の必要性はあるものの，次第に効率的で有効なプロセスによる保証へと移行していった．

プロセスによる保証とは，基準を満足する製品・サービスができるプロセスを確立し，かつ安定化させる活動のことで，“品質は工程で作りこむ”という活動といえる．ISO 9001 はプロセスを顧客に見える化する方法の一つである．

また，プロセスによる保証をするには，工程解析で品質特性（結果系）と管理項目（要因系）の因果関係を調査・確認し，時系列で結果データをとり，そのデータをもとにばらつきも考慮して，管理図等で判断・管理するという工程の管理が必要である．図 4.1.A にプロセスによる保証のための工程管理の例を示す．

(2) 品質保証体系図

品質保証体系図は，企画・設計・生産準備・生産・販売・サービスなどのどの段階で，設計・生産・販売・サービスなどのどの部門が，品質保証に関するどのような業務を実施するのかを示した図である．

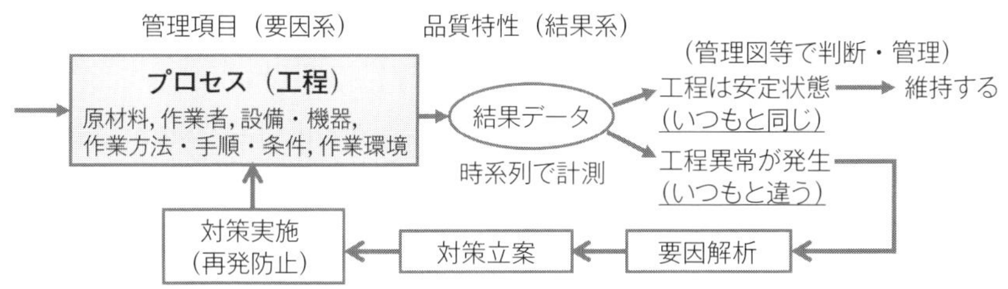

図 4.1.A　プロセスによる保証のための工程管理の例

品質保証体系図の縦方向には企画・設計から販売・サービスに至るまでの仕事の流れ（ステップ）がとられ，横方向には設計・生産・販売・サービスなどの品質保証活動を実施する部門がとられ，図中にはどの部門がどの段階でどの業務を担当するのかをフローチャートで示しており，組織全体の品質保証の仕組みが一目でわかるようになっている．また，品質保証体系図に関連する規定・標準を明確にしておくとより使いやすくなる．図 4.1.B に品質保証体系図の例を示す．

(3)　品質保証のプロセス，保証の網（QA ネットワーク）

品質保証体系を構築するには，企画・設計・生産準備・生産・販売・サービスの各段階で実施される一連のプロセスが確立されていなければならない．ここでは，これらのプロセスを五つに大別し，各プロセスでの主な活動内容を表 4.1.A に示す．

表 4.1.A の“3. 生産準備”での品質保証活動に活用されるツールとして，工程で予測される不適合に対する発生防止と流出防止の保証度を見える化する保証の網（QA ネットワーク）がある．縦方向に不適合や誤り項目をとり，横方向に一連の工程をとって，各不適合や誤り項目ごとに対応する工程での不適合の発生防止水準と流出防止水準の評価結果を記入し，現状と目標の保証度を比較して，必要に応じ改善事項も記入する．図 4.1.C に保証の網の概略図の例を示す．

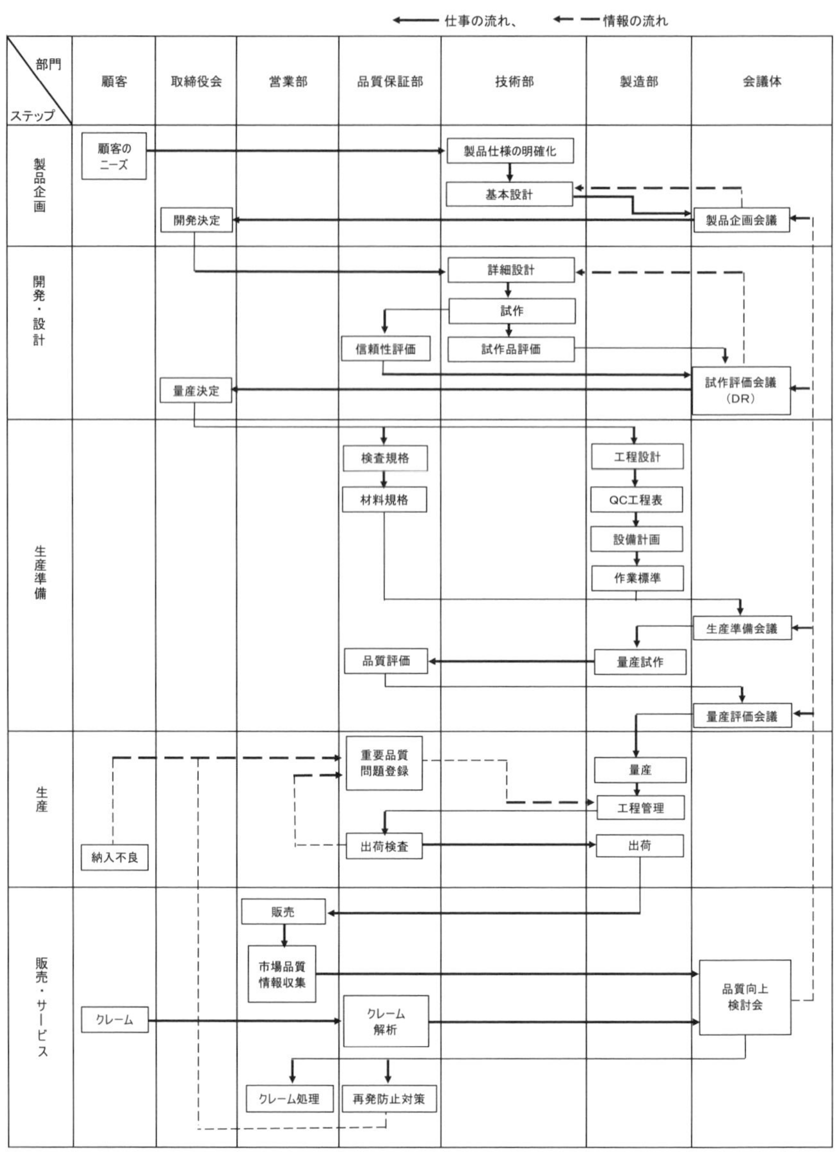

図 4.1.B 品質保証体系図の例

表 4.1.A　品質保証のプロセスと主な活動内容

品質保証のプロセス	主な活動内容
1. 製品企画	顧客のニーズや要求の把握，ベンチマーキング，製品の仕様の明確化，基本設計（概要設計），販売方法・サービス体制の明確化，原価企画など
2. 開発・設計	詳細設計，試作品製作，デザインレビュー（DR），設計・開発の変更管理，コンカレントエンジニアリング，信頼性設計など
3. 生産準備	工程設計，工程設計のレビュー，工程設計の変更管理，QC 工程表・設備仕様・作業指示書の作成，材料・部品の検査規格・検査方法の決定など
4. 生産	初期生産に関する初期流動管理，工程管理，設備保全管理，計測機器管理，製品検査，安全管理，作業環境管理など
5. 販売・サービス	物流・納入管理，ビフォアサービス（カタログ，取扱説明書等の整備など），アフターサービス（保守，点検など），顕在及び潜在クレーム・苦情の把握，回収・廃棄・リサイクルへの対応など

工程／不適合・誤り		受入工程		加工工程				組付工程		検査工程		保証度		改善項目		改善後の保証度
		数量確認	品質検査	切削	成形	・・・	・・・	SUB組付	総組付	寸法検査	特性検査	目標	現状	内容	期限	
樹脂材料	吸水率大		△2 ◇2									A	B	検査項目追加	6月25日	A
樹脂ケース	そり大				△3 ◇2							B	C	成形条件変更	6月13日	B
ブラケット	取付穴未加工		△3 ◇3									B	D	目視検査追加	6月10日	B

保証度テーブルの例

		発生防止水準			
		△1	△2	△3	△4
流出防止水準	◇1	A	A	B	C
	◇2	A	B	C	D
	◇3	B	C	D	D
	◇4	C	D	D	D

図 4.1.C　保証の網の概略図の例

引用・参考文献

1) 仲野彰(2016)：2015年改定レベル表対応 品質管理検定教科書 QC検定2級，日本規格協会
2) 飯塚悦功著，棟近雅彦編(2016)：品質管理と標準化セミナーテキスト，品質マネジメント，日本規格協会

●出題のポイント

(1) 結果の保証とプロセスによる保証

“結果の保証”と“プロセスによる保証”の考え方とその違いについて理解しておくことがポイントである．また，“プロセスによる保証”については，具体的な管理方法や活用される手法についても理解しておくことが必要である．

(2) 品質保証体系図

品質保証体系図を作成する目的やメリットだけでなく，この体系図の縦方向と横方向に示されている項目について理解しておくことがポイントである．また，図中のフローチャートは，どの部門がどの段階でどの業務を担当するのかを示していることも理解しておくことが必要である．

(3) 品質保証のプロセス，保証の網（QAネットワーク）

生産準備段階で活用されるツールである保証の網（QAネットワーク）については，活用目的や表の縦方向や横方向に示されている内容について理解しておくことがポイントである．また，縦方向に示した不適合や誤り項目ごとに工程の発生防止や流出防止の水準評価を行い，必要に応じ改善をしていることも理解しておくことが必要である．

問題 4.1.1

[第 17 回問 10]

【問 10】　品質保証体系図に関する次の文章において，[　　] 内に入るもっとも適切なものを下欄のそれぞれの選択肢からひとつ選び，その記号を解答欄にマークせよ．ただし，各選択肢を複数回用いることはない．

① 顧客に満足される製品を提供するためには，企業の [(59)] が参画しなければならない．つまり，品質保証は全社的な考えのもとで [(60)] かつ組織的に活動する必要がある．

そのためには，企業は品質を確保するための [(61)] を整備する必要がある．製品を顧客に提供するまでのステップに従って全社の各部門が何をなすべきか，その役割を仕事の流れとして具体的に表現する手段として品質保証体系図がある．

② 品質保証体系図とは，製品の開発から販売，アフターサービスに至るまでの各ステップにおける業務を各部門間に割り振ったものである．横軸に品質保証に関係する部門を設け，縦軸に製品の開発からアフターサービスまでの活動を設け，品質保証のための業務がどの部門で行われるかを [(62)] の形に表したものである．品質保証における各部門の責任と権限を明確にしたものである．

【 [(59)] ～ [(62)] の選択肢】

ア．全部門	イ．業務フロー図	ウ．全社	エ．体制	オ．業務
カ．体系的	キ．計画	ク．企画・設計部門	ケ．製造部門	

③ 品質保証体系図を表現するポイントは，縦の流れの各ステップを進めていく判断基準を明確にしておくことである．特に部門間の引継ぎ業務ではステップの移行判定責任の所在を決めておくことが大切である．この体系図を作成するメリットには次のようなものがある．

a) 部門の [(63)] を明らかにすることによって，組織的な活動を効率よく進めることが可能となる．

b) トラブルが発生したとき，関係する [(64)] が明らかになることから迅速な対応が可能となる．

c) 品質保証活動の各ステップに対応する [(65)] や重要な規定・帳票類の位置付けが明らかになることにより，それらの役割・機能が明確となる．

d) 顧客に対して自社の品質保証活動の概要をわかりやすく明示することが可能となる．

【 [(63)] ～ [(65)] の選択肢】

ア．役割	イ．環境	ウ．全社	エ．会議体
オ．管理項目	カ．品質	キ．部門	ク．コスト

第 4 章

問題 4.1.2

［第 14 回問 13］

【問 13】 品質保証に関する次の文章において，［　］内に入るもっとも適切なものを下欄のそれぞれの選択肢からひとつ選び，その記号を解答欄にマークせよ．ただし，各選択肢を複数回用いることはない．

① 品質保証は，製品・サービスに求められる品質はもちろんのこと，それ以外にも生産［(66)］や生産方法，使用段階でトラブルが発生したときの対応方法なども含む．

【［(66)］の選択肢】
ア．価値　イ．体質　ウ．体制　エ．評価　オ．特性

② 品質保証体系とは，ユーザーが満足する品質を達成するために必要なプログラムの全体を全社的見地から体系化したものである．これを図示したものが品質保証体系図と呼ばれ，製品の開発から販売，アフターサービスに至るまでの各ステップにおける［(67)］を各部門間に割り振ったものである．品質保証体系図には，通常，［(68)］方向にステップ，［(69)］方向に顧客および組織の部門を配置し，フローチャートとして示し，［(70)］を入れることが多い．

品質保証体系を制定する際に重要なことは，ひとつのステップから次のステップに移行する際の［(71)］基準を明確にしておくことである．

【［(67)］～［(71)］の選択肢】
ア．マトリックス　イ．業務　ウ．横　エ．縦　オ．フィードバック経路
カ．判断　キ．責任　ク．フィールド情報

③ 個々の製品の品質保証活動には，品質を顧客の要求との合致度という観点から考えると，［(72)］・設計段階が中心となる満足度を高める品質保証と［(73)］段階が中心となる不満足を発生させない品質保証という二つの面がある．

製品品質は，［(72)］，設計，［(73)］の三つの段階での品質の合成で決まる．

［(72)］品質は，［(74)］をいかに把握して，それに合致した製品を［(72)］することができたかを意味する．

設計品質は，［(73)］部門が設計どおりの製品を作れば，［(72)］どおりの製品ができあがり，かつ，［(75)］を与えないような製品ができるかどうかを意味している．

良い製品がきちんとつくられたかどうかをチェックするために検査という関所があるのと同様に，設計の仕事の完成度をチェックする関所をつくり，以降発生する可能性のある問題を事前に検討しておけば，後工程はスムーズに行われることになる．このような関所を［(76)］という．

【［(72)］～［(76)］の選択肢】
ア．デザインレビュー　イ．販売力　ウ．顧客の要求　エ．製造　オ．サービス
カ．是正処置　キ．トラブル　ク．ベンチマーキング　ケ．企画

問題 4.1.3

［第 16 回問 11］

【問 11】 品質保証に関する次の文章において，［　　］内に入るもっとも適切なものを下欄の選択肢からひとつ選び，その記号を解答欄にマークせよ．ただし，各選択肢を複数回用いることはない．

① 品質保証とは，お客様が商品を購入する時点だけでなく，実際に使用する段階において，故障などのトラブルがなく，使用の目的に適合して，満足して使用することができるように企業が行う体系的活動のことである．そのため，起こしてはならない ［(72)］ があり，販売した欠陥のある商品をお客様が使用し，身体に障害または財産に損害を受けたことに対する企業の賠償責任がある．
また，購入いただいたお客様が安心して使用してもらうために，商品の安全設計と製造品質の向上に努めなければならない．よい結果は，仕事のやり方・進め方で決まるため，結果を追うのではなく，［(73)］ を管理することになる．

② お客様に品質を保証するための二つのサービスがある．ひとつは，購入時点のサービスであり ［(74)］ と呼んでいる．このサービスは，商品を購入する時点で，その価値，機能，正しい使い方などを，お客様に理解してもらうために，企業側が行う取り扱い説明や技術説明などをいう．二つ目は，購入後のサービスであり，［(75)］ と呼んでいる．このサービスは，商品の使用中の問い合わせや故障に対して，企業が対応するものである．これらのサービス時に得られるお客様の要望をもとに，市場動向や技術動向を考慮して，お客様に保証できる商品づくりを行うことが ［(76)］ である．

③ この活動を体系化したものに，［(77)］ があり，品質を保証するために，企業内外の関連する組織の役割と評価方法などを明確にしたフロー図のことである．品質保証における設計の評価方法のひとつに，［(78)］ があり，その目的は，品質や信頼性に影響のある設計を，各ステップで，専門家により審査し改善していくことにある．

【選択肢】

ア．品質保証体系図　イ．プロセス　ウ．アフターサービス　エ．プロダクト
オ．デザインレビュー　カ．製品保証書　キ．製造物責任　ク．品質保証活動
ケ．品質マネジメントシステム　コ．ビフォアサービス

第 4 章

4.2 品質機能展開（QFD）

(1) QFD とは

品質機能展開（QFD：Quality Function Deployment）とは，顧客の声（VOC：Voice Of Customer）から要求品質を引き出し，これを製品の品質特性や機能・機構・構成部品・生産工程等の各要素に至るまで展開し実現する一連の方法である．

品質機能展開は，JIS Q 9025:2003 で以下のように定義されており，“品質展開”，“技術展開”，“コスト展開”，“信頼性展開”及び“業務機能展開”で構成される．

> **品質機能展開**
> 製品に対する品質目標を実現するために，様々な変換及び展開を用いる方法論

ここで，変換とは“要素を，次元の異なる要素に，対応関係をつけて置き換える操作”（JIS Q 9025:2003）であり，展開とは“要素を，順次変換の繰り返しによって，必要とする特性を定める操作”（JIS Q 9025:2003）である．

品質機能展開の全体構成を図 4.2.A に示す．図 4.2.A に示すように，品質機能展開は実施する目的に応じて，必要な二元表を作成する．

二元表の一例として，顧客の声である要求品質を技術の言葉である品質特性に変換又は翻訳を行う品質表を図 4.2.B に示す．

品質表は，JIS Q 9025:2003 で下記のように定義されている．

> **品質表**
> 要求品質展開表と品質特性展開表とによる二元表

これに企画品質設定表，設計品質設定表，品質特性関連表を加えて品質表と

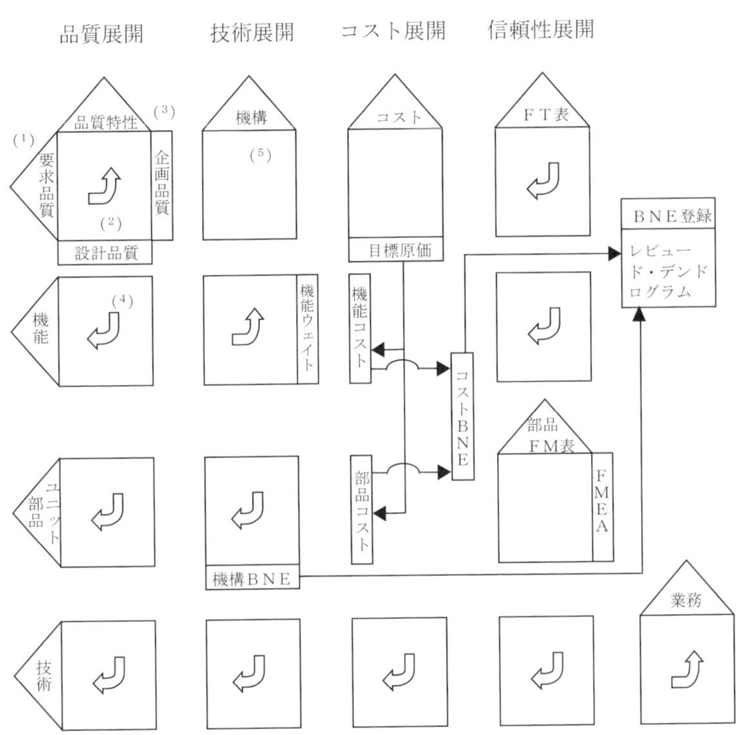

注(1)　三角形は項目が展開されており，系統図のように階層化されていることを示している。
(2)　矢印は変換の方向を示し，要求品質が品質特性へと変換されていることを示している。
(3)　四角形は二元表の周辺に附属する表で，企画品質設定表や各種のウェイト表などを示している。
(4)　この二元表の表側は機能展開表であるが，表頭は品質特性展開表であることを示している。
(5)　この二元表の表頭は機構展開表であるが，表側は要求品質展開表であることを示している。

図 4.2.A　品質機能展開の全体構成
出所　JIS Q 9025:2003

呼ぶことがある．ここで，展開表とは“要素を階層的に分析した結果を，系統的に表示した表”（JIS Q 9025:2003）である．

表 4.2.A に品質表の例を示す．表の縦方向と横方向の項目に関連性がある場合，それらが記載されている行と列が交差する部分に△，○，◎のような関連の程度を考慮した記号を付けることが多い．この例では，“◎”は“○”よりも関連が強いことを意味している．

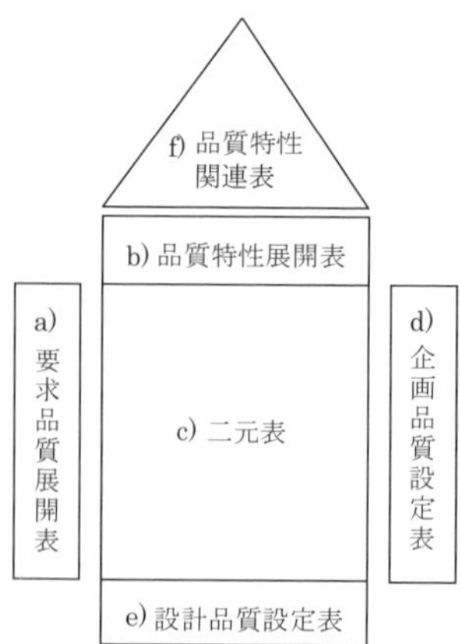

図 4.2.B 品質表の構成

出所 JIS Q 9025:2003

表 4.2.A ノートパソコンの品質表の例

要求品質展開表＼品質特性展開表 1次		本体寸法				処理機能				通信機能			入出力機能			質量	
	2次	外形寸法	本体厚さ	画面サイズ	操作部寸法	メモリ容量	CPU速度	電源管理レベル	バッテリー容量	有線LAN	無線LAN	ブルートゥース	USB	光学ドライブ	タッチパッド	本体質量	付属品質量
1次	2次																
使いやすい	コードレス										◎		○		◎		
	片手で操作できる				◎										○		
	画面が見やすい	○		◎	○	○											
持ち運びが楽	重くない	○	○						◎							◎	◎
	手ごろな大きさ	◎															○
	付属品が少ない	○									○						◎
高性能である	処理速度が速い					◎	◎										
	通信接続が簡単										○	○	○				
	文字・画像が鮮明			◎		○											
多機能である	入力方法が多彩									○	○	○	○	○	○		○
	通信機能が多彩									○	○	○	◎				
長時間使える	電池が長持ち								◎								
	省エネタイプ			○			○	◎									

引用・参考文献

1)　大藤正(2016)：品質管理と標準化セミナーテキスト，顧客価値創造技術とQFD，日本規格協会

●出題のポイント

品質機能展開の定義や基本的な考え方だけでなく，品質特性展開表，要求品質展開表，二元表，品質表など品質機能展開にかかわる用語を理解しておくことがポイントである．

また，品質機能展開は，実施する目的に応じて様々な二元表を用いるが，最近よく出題されるのは品質表である．品質表は，顧客の声である要求品質を系統的に表示した要求品質展開表と技術の言葉である品質特性を系統的に表示した品質特性展開表をマトリックスとして結合した二元表で，要求品質を品質特性に変換又は翻訳を行う手法であることも理解しておきたい．さらに，品質表については，具体的な事例を確認しておくなど，さらに理解を深めておくことを推奨する．

問題 4.2.1

[第22回問12]

【問12】 次の文章において，[ ] 内に入るもっとも適切なものを下欄のそれぞれの選択肢からひとつ選び，その記号を解答欄にマークせよ．ただし，各選択肢を複数回用いることはない．

① 顧客要求の多様化の進展は，市場における製品の [(60)] の要因となり，これへの対応のために企業では新製品を次々に市場に投入することが求められる．そのため企業は開発期間の短縮に迫られる．企業が短期間で顧客が求める品質の製品を開発・設計・製造・検査して市場に投入するためには，営業部門などが把握した市場（顧客）の [(61)] が，開発設計部門に確実かつ円滑に伝達されることが不可欠である．

② 顧客の要求品質は言葉によって表現されることが多い．この言葉による顧客の要求品質を，[(62)] に変換し，製品の設計品質を定め，これを各機能部品の品質，さらに個々の部品の品質や工程の要素に至るまで，これらの間の関連を系統的に展開していく方法が [(63)] である．

③ この展開のプロセスは，まず顧客の要求を収集する．その要求を分類・整理して要求品質展開表を作成する．ついで，要求項目ごとの特性を列挙・整理し [(62)] 展開表を作成する．そしてこの作成された2つの展開表をマトリックス図の形にし，相互の対応関係を明確にする．このマトリックス図が狭義の [(64)] と呼ばれるものである．

④ さらに企業として，短期間で製品の開発・設計を実現し市場投入させるためには，[(65)] 技術をできる限り開発の初期段階で発見し，それに対して解決を計画的に図っていくことも重要な活動である．この技術を組織的に見つけ出す方法に [(66)] がある．

【[(60)] ～ [(63)] の選択肢】

ア．理想　イ．品質特性　ウ．系統図　エ．サイクル　オ．情報
カ．品質展開　キ．開発　ク．言語特性　ケ．短命化　コ．ダミー

【[(64)] ～ [(66)] の選択肢】

ア．QC工程図　イ．ポートフォリオ分析　ウ．品質評価　エ．技術展開
オ．市場分析　カ．ボトルネック　キ．マーケティング　ク．品質表
ケ．品質目標

問題 4.2.2

[第 25 回問 9]

【問 9】　次の文章において，[　] 内に入るもっとも適切なものを下欄のそれぞれの選択肢からひとつ選び，その記号を解答欄にマークせよ．ただし，各選択肢を複数回用いることはない．

① X 社では，新しい炭酸飲料を開発するにあたって，その特性・仕様・管理基準を定めるために [(51)] を活用している．この活用で初めに行う [(52)] で注意していることは，例えば“10 代のヘビーユーザー”をターゲットにするならば，10 代の学生，社会人，スポーツマンなどの層からの声を集めるというように，新製品開発のターゲットを絞ることにしている．そして次に，集めた声を二つ以上の意味を含まない簡潔な [(53)] で表現する．このとき，最終的に特性・仕様・管理基準を定めるために，“口あたりがモヤモヤしていない”といった否定形の表現は，“口あたりがスッキリしている”など，どうあるべきかがわかる表現にする工夫をしている．

【[(51)] ～ [(53)] の選択肢】

ア．品質項目　イ．品質要素　ウ．品質保証体系図　エ．言語データ
オ．品質機能展開　カ．図形　キ．QA 表　ク．要求品質展開

② しかし，このような声の収集だけでは，新製品に対する期待のすべてを把握することは難しく，例えば“微生物に汚染されていない”というような [(54)] が抽出されないことも多い．そこで X 社では，自社が過去経験したことも加え，多面的に検討している．さらに，[(53)] の数が多くなる場合は [(55)] などを活用し，1 次，2 次，3 次の階層などに分類・展開しながら整理・統合していく．[(55)] を使用する際には，発想を広げる観点により，[(56)] からまとめていくとよい．

【[(54)] ～ [(56)] の選択肢】

ア．特性要因図　イ．一元的品質　ウ．親和図法　エ．潜在的品質
オ．連関図法　カ．当たり前品質　キ．上位項目　ク．下位項目
ケ．中間項目

③ 次に，要求品質を実現する設計の重要要素を明確にするために [(57)] を行い，下位項目からスタートし，[(58)] を抽出している．ここでも 1 次，2 次，3 次の階層などに分類することになる．“キレの強さ”など，人の感覚によるものは定量的に計測しにくい難しさがあるが，[(58)] から除外してはならない．それは，これらを実現させることが X 社の新製品開発力を高めることにつながると考えられるからである．

【[(57)] [(58)] の選択肢】

ア．固有技術展開　イ．品質特性展開　ウ．品質規格展開　エ．業務機能
オ．品質要因　カ．品質要素　キ．品質判定基準　ク．業務機能展開

第 4 章

4.3　DR とトラブル予測，FMEA，FTA

(1)　DR とトラブル予測

トラブル予測とは，実際に問題が起こる前に，問題を予測し予防することであり，未然防止の活動といえる．このトラブル予測の実践手段の一つとして，デザインレビュー（Design Review：DR）があり，支援する手法として，FMEA（Failure Mode and Effects Analysis：故障モードと影響解析）やFTA（Fault Tree Analysis：故障の木解析）などがある．

デザインレビューとは，JIS Z 8115:2019 で下記のように定義されている．

デザインレビュー

当該アイテムのライフサイクル全体にわたる既存又は新規に要求される設計活動に対する，文書化された計画的な審査

具体的には，設計・開発の適切な段階で，製品・サービスが顧客の要求品質を満たすかどうかを評価するために，必要な力量をもった各部門の代表者が集まって，そのアウトプットを評価し，改善点を提案する組織的活動である．表4.3.A にデザインレビューの実施要領の概要例を示す．

表 4.3.A　デザインレビュー実施要領の概要（例）

実施時期	基本設計，詳細設計，試作品評価が完了した時点など，ある区切りがついた時点
参加者	開発・設計に関係がある部門の代表者（力量の明確化要）
審査内容	構想設計 DR：企画との整合性，技術的な実現可能性，予測される不具合への対応内容など 詳細設計 DR：機能，生産性，安全性，信頼性，コストなどの妥当性，開発計画の進捗状況など ⇒検出された問題については，改善点を提案する

(2)　FMEA

JIS Z 8115:2019 では，FMEA は下記のように定義されている．

> **FMEA**
>
> 下位アイテムに生じ得る故障モード及びフォールト（故障状態）の調査，並びに様々な分割単位に及ぼすそれらの影響を含む定性的な解析方法

具体的には，システムの部品又は工程の故障モードや不良モードを予測して，その影響の大きさ，発生頻度，検出難易度などの評価項目から重要度を決め，重要度の高いものについて対策を実施する手法である．図 4.3.A に設計の FMEA の例を示す．

第4章

部品名	機能	故障モード	上位システムへの影響	評価点				故障の原因	是正処置	期日	担当部署
				発生頻度	影響度	検知難易	重要度				
ヘッドランプ	視認性確保	フィラメント切れ	点灯せず	3	4	4	48	発熱劣化	材質変更	9/ 末	設計1課
				3	4	5	60	車両振動と共振	フィラメント持部変更		
		ソケット破損		1	4	4	16	錆による強度低下	―	―	―
				2	4	3	24	ランプ接合部亀裂	―	―	―

図 4.3.A　設計の FMEA の例

(3)　FTA

JIS Z 8115:2019 では，FTA は下記のように定義されている．

> **FTA**
>
> 故障の木を用いた演えき的解析手法
>
> **故障の木**
>
> あらかじめ定義した望ましくない事象を引き起こす，下位アイテムのフォールト（故障状態），外部事象，又はこれらの組合せを表す論理図

具体的には，その発生がシステムにとって好ましくない事象をトップ事象に取り上げ，論理ゲートを用いながら，その発生経路を順次下位レベルへと展開する．これ以上下位に展開できない，又はする必要がない事象まで展開したら，各事象の発生確率や影響の大きさを考慮して，対策しなければならない発生経路や事象を検討し，対策を実施する手法である．図 4.3.B に FTA の例を示す．

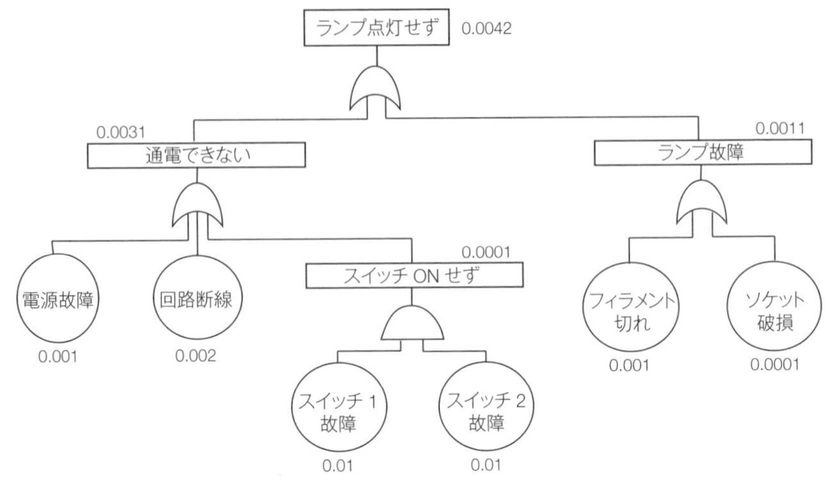

図 4.3.B　FTA の例

引用・参考文献

1)　田中健次(2016)：品質管理と標準化セミナーテキスト，信頼性工学，日本規格協会

2)　JIS Z 8115:2019，ディペンダビリティ（総合信頼性）用語

●出題のポイント

(1)　DR とトラブル予測

DR は，設計・開発の目標を達成しているかどうかを確認・評価し，問題がある場合は，対策を検討し改善点を提案する組織的な活動であるので，トラブルを事前に予測し未然防止する活動であることも理解しておくことがポイント

である．また，DR の実施時期，審査内容，参加者の力量についても理解しておくことが必要である．

(2)　FMEA

FMEA は，システムやプロセスの構成要素に起こり得る故障モードを予測し，その原因及びシステムやプロセスへの影響を解析・評価して対策につなげる，下位から上位に向かって解析を進める手法であることを理解しておくことがポイントである．また，影響度，発生頻度，検出難易度などの評価項目から重要度を決め，重要度の高いものについて対策を行う手順も理解しておくことが必要である．

(3)　FTA

FTA は，システムやプロセスで発生が好ましくない事象をトップにおき，その原因を and や or などの論理記号を使って順次下位レベルに展開する手法である．よって FMEA とは逆方向に，上位から下位に向かって解析を進めていく手法であることを理解しておくことがポイントである．

問題 4.3.1

［第 23 回問 13］

【問 13】 次の文章において，[ ] 内に入るもっとも適切なものを下欄のそれぞれの選択肢からひとつ選び，その記号を解答欄にマークせよ．ただし，各選択肢を複数回用いることはない．

① 製品や部品が定められた条件で，決められた期間内，要求された機能を果たすことができる性質が信頼性であり，これが決められた水準にあることを保証することが [(78)] である．製品の品質の多くは設計時に作り込まれるため，この信頼性を設計段階で検討することが重要である．

② 設計段階で信頼性を作り込むための手法のひとつに，[(79)] “DR ; design review” がある．DR は，設計にインプットすべき顧客のニーズや設計仕様などの [(80)] が，設計のアウトプットに漏れなく織り込まれ，求められる [(81)] が達成できるかについて，設計の各段階で不具合を検出し，修正する目的で行われる．

③ DR は，目的達成のために設計の初期段階から常に広い視野，そして専門的視点から，計画された製造・輸送・据付け・使用・保全などのプロセスで，設計品質およびそれを具現化するための客観的な知識を集め，評価し，[(82)] を提案し，次の段階に進みうる状態にあるかを確認する組織的活動である．そのため，DR の場には，当該部門である設計だけでなく，営業部門，製造部門など，関連する部門の代表者が参加する．DR が効果的に行われ成果を上げるためには，DR 参加者の [(83)] が重要な要素になるため，[(83)] の確保が必要である．

④ DR には，製品企画移行への可否を決めるための商品企画審査，製品設計移行への可否を決める製品企画審査，求められている設計品質達成状況の確認のための試作設計審査などがあるが，具体的な実施にあたっては [(84)] を明確にして取り組むことが重要である．

【[(78)] ～ [(81)] の選択肢】

ア．品質目標　イ．工程能力　ウ．感性品質　エ．信頼性保証　オ．設計要覧
カ．設計標準　キ．要求事項　ク．信頼性設計　ケ．設計審査　コ．信頼性展開

【[(82)] ～ [(84)] の選択肢】

ア．改善点　イ．価値　ウ．データ　エ．段階と目的　オ．証拠
カ．思惑　キ．副作用　ク．経費　ケ．力量

問題 4.3.2

［第 20 回問 10］

【問 10】　次の文章において，［　　］内に入るもっとも適切なものを下欄のそれぞれの選択肢からひとつ選び，その記号を解答欄にマークせよ．ただし，各選択肢を複数回用いることはない．

① あらかじめ発生が予測される問題を顕在化させ，事前に対策を講じておくことは重要なことである．同じまたは同類の製品を多量に生産する製造工程では，発生した問題に対し，その原因を追求して取り除く［(53)］を行う経験の積み重ねが，問題発生の予防となる．しかし設計，特に新製品開発段階では，繰り返しの作業は皆無に等しく，全く経験したことがない問題を防止しなければならない．この段階には未然防止の考えとその具体的行動が求められる．

② 設計段階でこの行動を効果的に行うためには，過去に発生した問題を［(54)］に基づき整理し，多くの状況に汎用的に適用できる［(55)］な事項を摘出し，活用していく方法を確立することが良策となる．この未然防止を行うための手法のひとつに故障モード影響解析があり，これは通称［(56)］と呼ばれている．

③ この故障モード影響解析は，構成している部品やユニットの故障モードが及ぼす上位ユニットへの影響を解析し，起こる可能性のある事故や故障を設計段階で予測し，重大事故や故障を予防することが目的である．具体的な展開プロセスは，予測される故障モード，その影響の重大性，その［(57)］頻度，その検知の［(58)］，その最後に検知できる時点，その検知方法，などの評価項目によって故障の影響を解析していくことを基本としている．

【［(53)］～［(56)］の選択肢】

ア．プロセスコントロール　イ．理想的　ウ．QFD　エ．目で見る管理
オ．FMEA　カ．是正処置　キ．マニュアル　ク．類似性
ケ．共通的　コ．FTA

【［(57)］［(58)］の選択肢】

ア．日常的　イ．検知　ウ．確認　エ．重要性　オ．潜在的
カ．必要性　キ．難易度　ク．除外　ケ．発生　コ．記録

第 4 章

4.4 製品ライフサイクル全体での品質保証，製品安全，環境配慮，製造物責任

本項では，製品のライフサイクル全体に関与する品質保証として，製造物責任から解説し，製品安全，環境配慮について述べる．ここでは“製造物”を製造又は加工された動産と定義する[1)]．平易に言えば，工業製品（完成品）やその部品と解釈してよい．

(1) 製造物責任

“製造物責任”（Product Liability，PL と略記）とは，ある製品の欠陥が原因で生じた人的・物的損害に対して製造業者らが負うべき賠償責任のことである[2)]．ここで，“欠陥”とは，“製造上”，“設計上”，“表示・警告上”の三つの場合を指す．前述の製造物の定義から，サービス，不動産は製造物責任の対象には含まないが，ソフトウェアについては対象になる場合がある．

従来から民法では，製品のトラブルについて損害賠償責任を追及する場合には，使用者側が製造物の欠陥と製造者の過失を説明・立証しなければいけないとされてきた（過失責任という）．しかし，使用者側にとって，これは困難である場合が多いことから，製造業者の無過失責任を定めた“製造物責任法”（通称 PL 法）が 1994 年に公布され，翌 1995 年から施行されている．“無過失責任”とは，製品に欠陥があることが立証されれば，それによって生じた損害に対して，その製造業者には賠償責任があるという考え方である．2019 年 PL 法に基づいて，大手電機メーカーのパソコンバッテリーパックの発火から，使用者が火傷を負い提訴した事件に対して，損害賠償命令の判決が出たことは記憶に新しい．

(2) 製品安全

“製品安全”（Product Safety，PS と略記）とは，製造物責任予防の観点からの予防安全対策である[3)]．ここで，“製造物責任予防”（Product Liability

Prevention，PLP と略記）とは，製造物責任問題発生の予防に向けた企業活動の総称である[4]．

製造物責任予防（PLP）には，大別して，“製品安全”（PS）と“製造物責任防御”（Product Liability Defense，PLD と略記）がある．PS とは，使用者に安全な製品を提供するための諸活動で，設計段階における安全性設計などがある．一方，PLD とは，いったん発生した製品事故による損失を最小限に抑えるための，企業の事前・事後の諸活動をいう[5]．損害賠償請求に備える諸活動で，訴訟を起こされた場合の対応方法検討や記録文書の管理，保険への加入などがある．

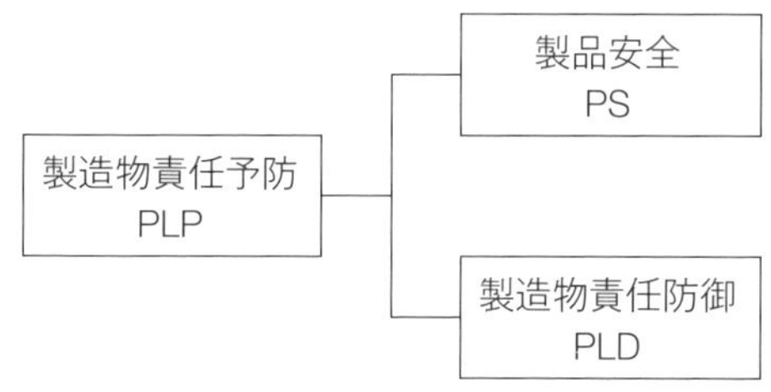

図 4.4.A　製造物責任予防（PLP）の内訳

なお，図 4.4.A については，単純に，予防策として PLP，防御策として PLD と二分する考え方もある．

(3)　環境配慮

地球環境問題が日常の話題となってから既に久しい．有限な資源から工業製品が作られていることは言うまでもなく，製品のライフサイクルを見通した環境負荷の低減のために，多くの活動が行われている．このような活動全体を“環境配慮”といい，製品のライフサイクル全体の品質保証や社会的責任（Social Responsibility，第 7 章参照）の観点からも重要な課題である．

具体的には，ライフサイクルアセスメント（Life Cycle Assessment，LCA と略記）と呼ばれる評価手法がある．製品のライフサイクル全体すなわち製品設計，製造，使用，廃棄又は再利用に至る全てのプロセスにおいて，環境への影響・負荷を定量的に把握する手法である．LCA にはいくつかのステップがあるが，最終的には単一の指標，例えば CO_2 排出量に統一して比較や評価をする．

身近な取組みには，3R と呼ばれる Reduce（使用資源の低減），Reuse（再使用），Recycle（再利用）活動がある．そのために設計段階では環境配慮設計(環境対応設計）という考え方がある．省エネルギー化，省資源化，再資源化などである．これらは，製品のライフサイクル全体のコストダウンにも大きく寄与しているので，十分考慮しなければならない．

引用・参考文献

1） 製造物責任法(平成六年七月一日法律第八十五号)
2） 吉澤正編(2004)：クォリティマネジメント用語辞典，p.424–425，日本規格協会
3） 吉澤正編(2004)：クォリティマネジメント用語辞典，p.422–423，日本規格協会
4） 吉澤正編(2004)：クォリティマネジメント用語辞典，p.299，日本規格協会
5） 吉澤正編(2004)：クォリティマネジメント用語辞典，p 298–299，日本規格協会
6） 日本品質管理学会編(2009)：新版品質保証ガイドブック，第Ⅲ部品質保証のための要素技術，第 19 章製品安全と製造物責任，p.527–542，日科技連出版社

●出題のポイント

製造物責任，製品安全や環境配慮については，用語の定義や法律（製造物責任法）の概要を問う問題が主流である．

製造物責任については，製造物責任法（PL 法）の公布年，施行年，損害賠償の請求権などの細部にわたる問題もある．

この分野の問題は頻出はしていないが，昨今の社会情勢も反映して，今後出題が増えそうである．

また，この分野では英略語が多く，例えば，PLP，PS や 3R など，問題文や選択肢に略語のみの場合もあるので，注意しておこう．

問題 4.4.1

［第 19 回問 11］

【問 11】　製造物責任(PL)に関する次の文章において，［　　］内に入るもっとも適切なものを下欄の選択肢からひとつ選び，その記号を解答欄にマークせよ．ただし，各選択肢を複数回用いることはない．

① 製造物責任法において，“製造物”とは，製造または加工された［(71)］をいう．

② 製造物責任法において，“欠陥”とは，当該製造物の特性，その通常予見される使用形態，その製造業者などが当該製造物を引き渡した時期，その他の当該製造物にかかわる事情を考慮して，当該製造物が通常有すべき［(72)］を欠いていることをいう．

③ 製造物責任法においては，損害賠償の請求権は，被害者またはその法定代理人が損害および賠償義務者を知ったときから［(73)］間行わないときは，時効によって消滅する．また，その製造業者が当該製造物を引き渡したときから［(74)］を経過したときも同様としている．

④ PL 対策は，事故の発生を防止するための予防策(［(75)］)と PL 事故による被害を極力増大させないための防御策(［(76)］)に区分される．

【選択肢】

ア．3 年　　イ．動産
ウ．PLP(Product Liability Prevention)　　エ．不動産
オ．PLS(Product Liability Safety)　　カ．安全性
キ．利便性　　ク．10 年
ケ．5 年　　コ．PLD(Product Liability Defense)

問題 4.4.2

［第 14 回問 14 ①②］

【問 14】　品質保証活動の進め方に関する次の文章において，［　　］に入るもっとも適切なものを下欄のそれぞれの選択肢からひとつ選び，その記号を解答欄にマークせよ．ただし，各選択肢を複数回用いることはない．

① 製造物責任法でいう製造物の欠陥とは，製造上の欠陥，設計上の欠陥，［(77)］上の欠陥の三つであるといわれ，［(78)］の考え方が取り入れられている．

② 製造物責任への対応としては，予防のための［(79)］と防御のための［(80)］の両者に大別できる．営業活動での予防のためのもっとも重要な［(79)］活動は，製品そのものの理解，そして使用方法を使用者に十分理解してもらうことである．

【［(77)］～［(80)］の選択肢】

ア．欠陥重視　　イ．表示・警告　　ウ．PLP　　エ．PLL　　オ．PLD
カ．無過失責任　　キ．過失責任

4.5　初期流動管理

新製品開発における品質保証活動の一つとして，初期流動管理活動がある．新製品の立ち上がり段階では，種々の予期しないトラブルが発生するおそれがあるので，そのような不測の事態への対応に特別管理をするのである．以下，初期流動管理について，概要を解説する．

(1)　初期流動管理

新製品を上市するまでには，開発計画の策定，市場調査，製品企画，設計／技術開発，試作，生産準備，製造（量産），出荷・販売などの多くのプロセスと多数の部門のスタッフ・作業者が関与する．そのために，目標や計画の円滑な達成には，技術情報や品質情報の収集・共有化，それらへの迅速な対応が求められる．そこで，プロジェクトマネジメントとして，初期流動管理の意義がある．なお，“上市”とは市場に製品を出すことである．

(a)　初期流動管理の定義

初期流動管理は次のように定義される[1)]．

> **初期流動管理**
> 製品企画から量産前の品質保証ステップを着実に実施していくための管理．

特に，製品の量産に入る立ち上げ段階で，量産安定期とは異なる特別な体制をとって情報を収集し，スムーズな立ち上げを図ることが多い．

初期流動管理は，設計品質（ねらいの品質）の確保や製造工程の早期安定化を図ることを目的として，製造業に広く定着している新製品の管理方法であり，多くの企業・組織がこの活動を進めている．源流管理の考え方から，製品企画の段階から特別管理を進める“広義の初期流動管理活動”と立ち上げ段階に時期を絞った“狭義の初期流動管理活動”がある．前述の定義は“広義の初期流動管理活動”である．

初期流動管理の対象となるのは，新製品（新材料を含む）及び新生産ライン（生産方式の大幅な変更）によることが多い．全ての新製品や新生産ラインを対象とするというわけではなく，その新規性，難易度や重要性に応じて管理の精度や活動期間を決める．

(b)　初期流動管理の活動ステップ

やや詳細な初期流動管理の活動ステップの一例を表 4.5.A に示す．仕事の流れに沿って，各プロセスにはデザインレビュー（以下 DR）と公式な会議体を設ける．それぞれが関所となって，確実な仕事を進めるのである．DR や会議体の名称は，企業・組織で異なるが，活動内容はほぼ同じである．

初期流動管理は，製造業特有の活動と言われていたが，昨今ではシステム開発の分野においても同様な考え方で初期トラブルの解消活動が行われている．

引用・参考文献

1)　吉澤正編(2004)：クォリティマネジメント用語辞典，p.273，日本規格協会
2)　日本品質管理学会編(2009)：新版品質保証ガイドブック，第Ⅲ部品質保証のための要素技術，28.4 初期流動管理，p.665–668，日科技連出版社

●出題ポイント

初期流動管理活動の詳細を問う出題は第 12 回問 15 のみで，他は新製品開発の一連の流れやプロセス管理の一部として設問がある程度である．

過去問の第 12 回問 15（本書問 4.5.1）レベルを知識として習得しておくとよい．

表 4.5.A 初期流動管理の活動ステップ例

仕事の流れ		実施事項
製品企画	初期流動管理指定	品質管理部門が製品の新規性や重要性から管理ランクを決めて，初期流動管理を指定する．推進組織，大日程などを決める．
	[製品企画]デザインレビュー	製品の構想設計上の問題点抽出（機能，品質，コスト，サービスなど）や生産準備上の懸念点とその対応を協議する（企画の審査）．
	[製品企画]品質管理会議	製品の基本構想（機能，品質，コスト，サービスなど），生産準備の概要（設備投資，工程設計など）を決定する．
設計試作	[設計]デザインレビュー	製品図面の吟味，試作品の機能・品質・安全性などの問題点抽出とその対応を協議する．いわゆる設計審査．
	[設計]品質管理会議	製品の基本構想と試作品の実現レベル（機能，品質，余裕度など）を審議する．生産準備の開始を決定する．会議終了後，正式出図する．
生産準備	[生産準備]デザインレビュー	量産試作品の品質，工程能力，工程管理，作業習熟などの生産準備上の問題点抽出とその対応を協議する（生産準備の審査）．
	[出荷可否]品質管理会議	量産試作品の品質，工程能力，工程の管理方法などを審議，量産への移行を承認する（出荷・販売可否の決定）．会議終了後，納入先に出荷，販売となる．
製造	[市場評価]デザインレビュー	工程管理の経過観察や，納入先や市場から回収した良品・不良品の解析結果の協議．不具合の予兆や再発防止策の検討．
	[市場評価]品質管理会議	量産体制の継続および通常の管理体制に移行する是非を審議する．
出荷・販売	初期流動管理解除	計画・目標が達成できた時点で特別管理活動の解除を決定する．

『入門生産工学』（日科技連出版社）をもとに作成

問題 4.5.1

［第12回問15］

【問15】　次の文章において，［　　］内に入るもっとも適切なものを下欄のそれぞれの選択肢からひとつ選び，その記号を解答欄にマークせよ．ただし，各選択肢を複数回用いることはない．

新製品をタイムリーに開発し発売するためには，製品企画段階から設計，試作，評価，製造，販売，アフターサービスにいたるまでの品質管理活動をスムーズに確実に推進できる体制を確立しておく必要がある．そのためのひとつの手段として初期流動管理活動が行われている．この活動は，量産開始初回ロットから新製品の目標値（品質・コスト・量など）を達成することを目指して取り組む活動で，重要度や難易度の高い製品については，プロジェクトチームを編成し，経営トップの陣頭指揮の下に特別管理されるケースが多い．

① このプロジェクト活動の中には，短期間で目標値（品質・コスト・量など）を達成し安定した生産ができるようにする活動として，技術・品質管理部門が中心になって関係部門がタスクフォースを組み，実施事項を分担して取り組む［(76)］のための工程の管理体制整備活動がある．

② この活動は，経営幹部が指名するチームリーダーと各機能の専門家で編成し，管理項目と目標値としては，例えば，工程不適合品率は0.3%以下，工程能力指数は，$C_p > 1.33$，クレーム件数は0件，稼働率は95%以上，［(77)］は3か月間などを設定し，各メンバーが個々に担当する実施事項，メンバーが相互協力して実施する項目，関連他部門に協力要請して実施してもらう事項などに分類して計画立案し，経営幹部の承認を得る場合が多い．

【［(76)］［(77)］の選択肢】

ア．生産工程安定化　イ．現地・現物・現実　ウ．ねらいの品質　エ．重点指向
オ．初期流動管理期間

③ このチームは，次の観点から活動を進めると効果的である．
- 作業環境の整備状況を確認する（工場レイアウト，製造ライン）．
- 作業標準書による［(78)］を実施する（作業者，検査員の必要人員確保）．
- 新部品，新設備，新製品の早期［(79)］を得る．
- 品質と工程を早く安定させ，工程の管理方法や，結果を管理するツールなどを確定して掲示板を活用した管理目標や管理図の掲示など［(80)］を決定する．

④ リーダーは，初期流動管理の推進状況を経営トップに対して，しかるべき会議あるいは異常発生時にはタイムリーに［(81)］する．そのためには，常に［(82)］を把握していなければならない．
また，管理目標が達成できたときには，すみやかに［(83)］の申請をしなければならない．

【［(78)］～［(83)］の選択肢】

ア．方針管理項目　イ．報告　ウ．品質認定
エ．活動の進捗状況　オ．初期流動管理解除　カ．作業者の技能習熟訓練
キ．工程変更　ク．日常管理方法　ケ．国家技能検定

第4章

4.6　保証と補償，市場トラブル対応，苦情とその処理

(1)　保証と補償

品質管理において“保証”とは，その製品やサービスの品質は問題ないことを請け負うことであり，保証書，保証期間，工程保証などに用いられる（表4.6.A 参照）．

一方“補償”とは，品質の悪さにより損害が発生したときは補い償うことであり，また“保障”とは，今後損害が発生しても保護するという意味である．

品質管理活動の場合，はじめから品質の悪さを想定した考えではないことから“品質保証”の考えに基づいている．

表 4.6.A　“保証”，“補償”，“保障”の違い

	保　証	補　償	保　障
意味	責任もって良品を請け負うこと	損失・損害を補い償うこと	損害のないように保護すること
キーワード	責任	補塡	保護
英訳	Assurance など	Compensation など	Guarantee など
使用例	品質保証 保証期間など	損害補償 休業補償など	社会保障 安全保障など

品質管理活動の目的が，お客様への品質保証であり，品質保証とは，製品やサービスが，決められた品質であるかどうかを確認することである．

したがって言い換えれば，品質保証とは企画・設計からアフターサービスに至るまで，広い範囲で顧客に製品・サービスの品質を保証する活動であり，品質保証の業務の一つとして，不適合品が自工程から流出してしまったときは，後工程である顧客に対しクレーム対応をしなければならない．

(2)　市場トラブル，苦情処理

JIS Q 9000:2015 では，苦情とは“製品若しくはサービス又は苦情対応プロセスに関して，組織に対する不満足度の表現であって，その対応又は解決を，

明示的又は暗示的に期待しているもの”と定義されている.

図 4.6.A にクレーム処理の流れの例を示す．まず，クレームが発生したときは，素早い初期対応が必要である．次に現地現物により真因を追究し，再発防止の対策を施す．さらには，クレームが発生した要因を振り返り，仕事の何が悪かったのかを標準・しくみ・ルールの視点で見直しを行う．

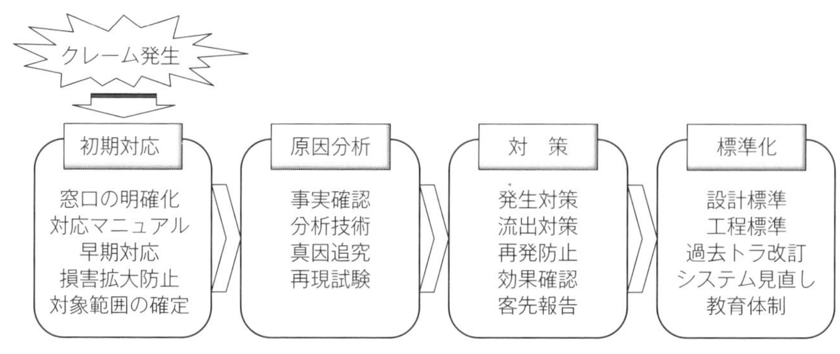

図 4.6.A　クレーム処理の流れ例

社内トラブルによる損失に比べ，市場でトラブルが発生すると，損失費用が膨大となり，場合によっては会社経営にも影響を与えかねない．

万が一トラブルが発生したときは，次の三つの着眼で損失を最小限にとどめる必要がある．

① 影響を及ぼす程度が重大化しないようにする（重要度）

② 時間の経過とともに損失が広がらないようにする（拡大度）

③ 素早く処置することにより損失が大きくならないようにする（緊急度）

●出題のポイント

不適合を後工程に流出してしまったことによる苦情に対し，どのように対策していくかを実例的に理解しておくことがポイントである．

出題の傾向としては，製品の不適合調査の手順について出題されている．まずは，不適合の初期対応ののち，三現主義に基づいて発生要因調査を行う．このとき，対象となる工程のばらつきをヒストグラムや工程能力で確認する手段や，発生状況の傾向をどのように読み取るかなど，より実践的な調査手順を理解する必要がある．対策後は，再発させないための歯止めをどのように標準化するかも問われている．

また，お客様からの苦情についての対応方法についても出題されており，この場合，顧客への対応方法が標準として明確になっており，製品に問題が認められた場合は，その対象となる原材料までさかのぼって履歴が調査できるかどうかのトレーサビリティに関する知識も必要である．

問題 4.6.1

[第 20 回問 13]

【問 13】　次の文章において，[　　] 内に入るもっとも適切なものを下欄のそれぞれの選択肢からひとつ選び，その記号を解答欄にマークせよ．ただし，各選択肢を複数回用いることはない．

C 社では毎月品質管理会議を行っている．以下は，8 月の月初に開催された会議の状況である．次のグラフは，製品 X の“割れに関する苦情”の月ごとの件数を示している．製品 X の割れ苦情に対して 5 月に是正処置が実施されたが，その是正処置が有効であるかどうかが議論となった．（割れは，生産後 1 か月経過くらいから発生し始める問題である．）

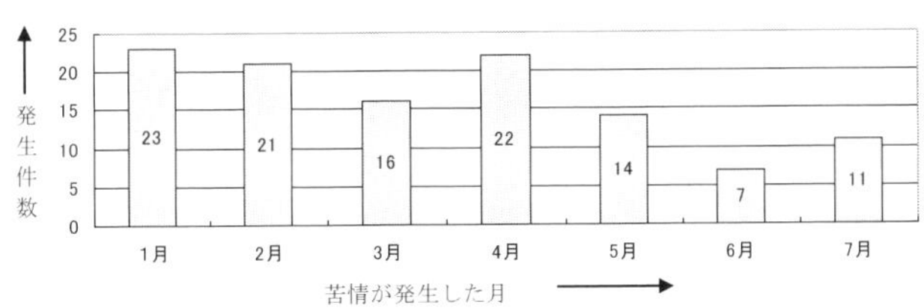

図 13.1　製品 X の“割れに関する苦情”の月ごとの件数（件／月）

① このグラフだけでは是正処置が有効であるかどうか判断はできないが，6 月以降の苦情発生製品について，対策実施前の生産品か対策実施後の生産品かを示した [(73)] データがあると，是正処置が有効かどうかの判断ができると考えられる．そこで [(73)] したデータを確認し，是正処置の有効性の判断を行い，もし有効でないと判断された場合には必要な処置を行うことにした．

是正処置の一連の行動は，“管理のサイクル”としてもとらえることができる．この会議での議論およびこれから行う [(73)] データの確認は，“管理のサイクル”の 4 ステップの中の [(74)] に相当する．

② 類似製品 Y で変色の苦情があった．実態調査のため使用した原材料のロット番号を調査したが，記録が残っていなかったという報告があった．このことは，製品に問題が発生した場合，原材料にまでさかのぼって履歴調査ができないということであり，“ [(75)] がない”ということになる．品質管理上問題であり，“使用した原材料のロット番号を製造記録に記録すること”を徹底させることにした．

【 [(73)] ～ [(75)] の選択肢】

ア．アクト　イ．本流　ウ．層別　エ．イレーザビリティー
オ．チェック　カ．仕分け　キ．トレーサビリティ　ク．源流

③ 使用する原材料の品質に問題があっては，C社で生産する製品の品質も確保できない．そこで，会議では原材料の受入検査に適用する抜取検査方式を検討した．
C社では原材料を複数メーカーから継続的に購入しており，過去の検査履歴など活用できる品質情報も多い．
なお，購入原材料の中には長年品質が十分安定しており，メーカーへの立ち入り監査でも十分信頼がおけるものもある．そこで，それらの原材料についてはC社で試験は行わず，原材料メーカーで実施した試験結果報告書に基づき合否を判定する“ (76) 検査”に移行させていくことを決定した．

④ 品質管理に使用する測定機器の管理状況の報告があった．品質管理課では測定機器の精度を確保し，正しい計測を行うために自社内で (77) を行っている．この行為はキャリブレーションともいうが，これを行うためには精度確認のもととなる標準器が必要である．
この標準器は品質管理課で保有している．この標準器は正しいものかという質問があったが，この標準器は (78) 標準にまでさかのぼって保証されていることを確認しており，正しいものであることが説明された．

【 (76) ～ (78) の選択肢】
ア．校正　イ．規準　ウ．無試験　エ．点検　オ．間接
カ．国家

2 級

第 5 章

品質保証

—プロセス保証—

5.1 プロセス(工程)の考え方，QC 工程図，フローチャート，作業標準書

品質保証とは，“品質要求事項が満たされるという確信を与えることに焦点を合わせた品質マネジメントの一部”（JIS Q 9000:2015）であり，この品質保証活動は，顧客・社会のニーズ把握，製品及びサービスの企画・設計・生産準備・生産・販売・サービスなどの各段階で行われている．この活動を品質マネジメントシステムとして運営管理するためには，品質保証の各段階で必要な機能を有する各プロセス（例えば，企画プロセス，開発・設計プロセス，製造プロセス，販売・サービスプロセスなど）が，システム（JIS Q 9000:2015 では“相互に関連する又は相互に作用する要素の集まり”と定義）化されている必要があり，その中で各プロセスはそれぞれで必要な品質保証（プロセス保証）活動を実施する．

(1) プロセス（工程）の考え方

プロセス（工程）とは，JIS Z 8101-2:2015 で以下のように定義されている．

> **プロセス（工程）**
> インプットをアウトプットに変換する，相互に関係のある又は相互に作用する一連の活動

プロセスは，相互に関係する単位作業［“一つの作業目的を遂行する最小の作業区分”（JIS Z 8141:2001）］の集まりで，一つの仕事として確立されると，例えば，製造プロセス，検査・試験プロセスなどのプロセスとして定義できる．

プロセスの概要を図 5.1.A に示す．

工程管理（プロセス管理）とは，“プロセスへの要求項目を満たすことに焦点を当てたプロセスマネジメント”（JIS Z 8101-2:2015）である．

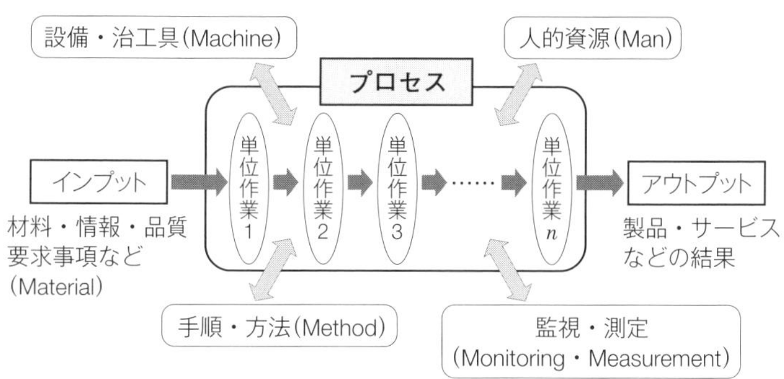

図 5.1.A　プロセスの概要

具体的には，プロセスへの要求項目を満たすために“工程の出力である製品又はサービスの特性のばらつきを低減し，維持する活動．その活動過程で，工程の改善，標準化，及び技術蓄積を進めていく”（旧 JIS Z 8101-2:1999）ことである．

このように工程管理では，品質を工程で作り込むという考えに基づき，プロセス（工程）を適切に管理していく必要があり，計画・実行する手段として，QC 工程図や作業標準書などがある．

(2)　QC 工程図，フローチャート

QC 工程図は，材料・部品の受入から完成品出荷までの工程全体，あるいは重要な一部工程をフローチャートで示しながら，工程ごとに管理すべき品質特性とその管理方法を明らかにした図表である．なお，QC 工程図は，QC 工程表や工程管理表などとも呼ばれている．

QC 工程図に記載する項目は，対象工程名，使用する設備・機械・治具等，管理項目と管理水準（目標値，限界値）及び確認方法，管理項目に対応した品質特性と規格値及び検査方法，担当者，異常処置，記録帳票などである．

QC 工程図の例を図 5.1.B に示す．

工程図	工程名	管理項目 (点検項目)	管理水準	管理方法					関連資料
				担当者	時期	測定方法	測定場所	記録	
ペレット ▽									
①	原料投入	(ミルシート)		作業員	搬出時	目視	原料倉庫	出庫台帳	
②	成形	(背　圧)	○○ N/cm²	作業者	開始時		作業現場	チェックシート	検査標準
		(保持時間)	2 min±30 sec	作業者	開始時		作業現場	チェックシート	
		厚さ	2 mm ±0.05 mm	検査員	1/50個	マイクロメータ	検査室	管理図	
③	ばり取り	平面度	6 μm	検査員	1日2回	拡大投影機	検査室	チェックシート	
▽									

図 5.1.B　QC 工程図の例
出所　JIS Q 9026:2016, 表 3

(3)　作業標準書

作業標準書は，作業者が交替した場合でも同じ作業が実施され，同じ成果が効率的に得られるように，作業とその手順を示したものである．なお，作業標準書は，作業手順書や作業マニュアルなどとも呼ばれている．

作業標準書に記載する項目は，作業目的，使用材料・部品，設備・治具，作業手順，作業者，管理項目と管理方法，品質特性と検査方法，作業条件，品質・安全上の注意事項，起こりやすい異常と処置方法などである．作業標準書の例を図 5.1.C に示す．

引用・参考文献

1）田中敏行(2020)：JIS 品質管理責任者セミナーテキスト，社内標準化，p.78，日本規格協会
2）仲野彰(2016)：2015 年改定レベル表対応 品質管理検定教科書 QC 検定 2 級，日本規格協会
3）飯塚悦功著，棟近雅彦編(2016)：品質管理と標準化セミナーテキスト，プロセスの計画と管理，日本規格協会

パネルソー作業手順	標準番号	○○○－P－061	制定部門	○ ○ 課	
	制定年月日	○○年 ○月○○日	承認	審査	作成
	最新改訂年月日	△△年 △月△△日△	○○	△△	▽▽

作業名	ベニヤ切断	資格の要否	否	
機械名	パネルソー	保護具	保護メガネ、防塵マスク	発生しやすい災害　切り傷

非常停止ボタン

作業手順			
1 作業前の設備点検（日常点検表により実施）	4 切断材料をテーブルにセット	6 フットスイッチで材料押さえる	9 切断後、運転スイッチOFF
2 作業環境のチェック（周辺に障害物がないか）	5 切断寸法確認・決定	7 運転スイッチON	10 加工材をテーブルから降ろす
3 集塵機のスイッチON		8 切断作業	11 集塵機スイッチOFF

安全ポイント			
① 保護具（メガネ、マスク）の着用	③ 無理な姿勢で作業をしない	④ 切断中は、機械に手を触れない	⑦ 不使用時は、元電源OFF
② 刃先の点検		⑤ 切断中は、機械の後部に入らない	⑧ 作業終了時の整理、整頓、清掃を徹底
		⑥ 緊急時は非常ボタンを押して運転停止	
⑨作業区域は関係者以外立入禁止 ⑩長袖作業服以外の作業禁止（半袖着用禁止）		⑪帯鋸刃の取り付け、交換時は、必ず元電源OFF ⑫帯鋸刃の取り付け、交換時は、必ず革手袋着用	

図 5.1.C　作業標準書の例

出所　田中敏行(2020)：JIS 品質管理責任者セミナー　テキスト，社内標準化，p.78，日本規格協会

4)　福丸典芳(2019)：品質管理セミナー入門講座テキスト，プロセス品質保証とその進め方，日本規格協会

●出題のポイント

(1)　プロセス（工程）の考え方

プロセス（工程）やプロセス管理（工程管理）の定義だけでなく，品質を工程で作り込むためにどのような工程管理を行っているか，具体的な管理方法及びそこで活用される QC 工程図や作業標準書などの社内標準についても理解しておくことがポイントである．

(2)　QC 工程図，フローチャート

材料・部品の受入から完成品出荷までの工程全体を見とおす管理を行うため，QC 工程図には工程ごとにどのような記載項目があるかを理解しておくことがポイントである．また，QC 工程図は一連のプロセスの流れを，工程図記

第5章

号（JIS Z 8206:1982）を用いてフローチャートで示していることも知っておく必要がある．

(3) 作業標準書

製品規格で定められた品質の製品を効率よく製造するため，作業標準書には，どのような記載項目があるかを理解しておくことがポイントである．また，作業標準書に基づく作業を行うことにより，どのようなメリットがあるのかも理解しておく必要がある．

問題 5.1.1

[第 10 回問 11]

【問 11】　プロセス管理に関する次の文章において，[　　] 内に入るもっとも適切なものを下欄のそれぞれの選択肢からひとつ選び，その記号を解答欄にマークせよ．ただし，各選択肢を複数回用いることはない．

製造工程とは，一連の加工・組立作業など，目的を達成するための仕事の流れ（プロセス）であり，結果に影響を及ぼす原因の集まりであるといえる．製造部門は，製造条件を経済的に管理することにより，製造の目的である品質，原価，数量，納期を確保するように工程管理を行う．そのための要点を①から⑥にまとめた．

まず，作ろうとする製品の [(59)] は製品企画部門や技術部門が企画・設計し，製造部門に引き継ぐ．[(59)] は，仕様書，製品企画書等で表される．

① [(59)] を満足させるように，製造部門は，工程で品質を作り込むためにどのような方法がよいかを検討し，[(60)] を作成する．良い [(60)] としては，原因を抑えるための決めごと，結果の良し悪しの判断基準，[(61)] の処置基準などの重要事項が記載されていることが不可欠である．例えば，製造するために使用する部品材料，設備，治工具，標準時間，作業手順とポイントは，原因系について述べたものである．

【[(59)] ～ [(61)] の選択肢】

ア．工程能力　イ．品質標準書　ウ．製造品質　エ．標準偏差　オ．動作分析
カ．作業標準書　キ．異常発生時　ク．市場調査　ケ．ねらいの品質

② 作業者に決めごとを確実に守って作業を実施させるために教育・訓練を行う．製品の用途や作業の手順などを知識として覚えてもらうことが [(62)] である．作業の動作や力加減，タイミングなどを繰り返し実施して体得してもらうことが [(63)] である．これらの教育・訓練は，実際の作業現場に近い環境で，実際の作業を通して行われるのが望ましく，[(64)] と呼ばれている．

【[(62)] ～ [(64)] の選択肢】

ア．OFF-JT　イ．教育　ウ．技能検定　エ．訓練　オ．OJT

③ 現場は，[(60)] に従って作業を行う責任がある．定常的に出ていた不適合がいつの間にか出なくなった，あるいは急に不適合が出るようになったといったことは，標準が守られていない現場でよく現れる．

製造品質の良否を決定するのは機械・材料・製造条件などもあるが，人（作業者）も大きな要素である．

④ 監督者は，作業が指示どおりに行われているかを原因系と結果系でチェックし，異常がないか調べる．原因系で確認するものには，設備の設定条件や仕事の手順などがあり，[(65)] と呼んでいる．結果系でチェックするものには，歩留まり，生産量，品質，仕様の正しさなどがあり，これらを [(66)] と呼んでいる．[(65)] も，[(66)] も必ずばらつくが，このばらつき方が，通常，以前と比較して変わっていないかどうかで異常の判断を行う．この判断，特に結果系の異常の判断を容易に示してくれるのが [(67)] である．また工程の管理体系を示す方法として [(68)] がある．これは工程の流れに沿って，[(65)]・[(66)] を整理し，管理の要点を明確にしたものである．

⑤ 異常に対して処置をとる．工程に異常が発見されたときは，その原因を探し，原因を取り除くことが必要である．この場合，応急対策だけでなく [(69)] が必要となる．

⑥ 処置の効果を確認する．処置をとったら，その処置がよかったかどうかを管理・監督者は必ず確認しなければならない．

【[(65)] ～ [(69)] の選択肢】

ア．QC 工程表　　イ．点検点　　ウ．特性要因図　　エ．再発防止対策
オ．OC 曲線　　カ．管理点　　キ．品質機能展開　　ク．管理図

問題 5.1.2

[第20回問14]

【問14】 工程の管理に関する次の文章において，[　] 内に入るもっとも適切なものを下欄のそれぞれの選択肢からひとつ選び，その記号を解答欄にマークせよ．ただし，各選択肢を複数回用いることはない．

① 工程を常に望ましい状態に維持するためには，標準化→実施→確認・評価→処置という管理のサイクル（ [(79)] ）をしっかり回していくことが基本となる．

② 特に，製造工程の標準化では，工程に求められている要求事項を明確にする．さらに，明確になった要求事項に対して技術条件の標準化を行い [(80)] を決める，という二つの仕事で構成される．要求事項を明確にするということは，[(81)] （期待する結果），これを達成するための方法，これが達成できたか判定するための基準，その判定の手段（測定方法など），という基本事項を明確にすることが基本となる．

③ 期待する結果を達成するための方法は，次の二つの領域で構成される．ひとつは，知識や経験の有無にかかわらず，当該の仕事を行ううえで誰もが守らなければならない [(82)] として与えられる領域である．この領域は [(81)] 達成に大きな影響を与える領域であり，技術標準やQC 工程図などで管理すべき項目として指示されるのが一般的である．もうひとつは，決められた品質の製品をいかに上手に・早く・確実に・安く等，仕事のやり方について [(83)] する領域である．

④ 明確にされた基本事項は，種類・等級・構造・寸法・性能（物理的性質・化学的性質）等の項目で具体的に明記され，工程に [(84)] として与えられる．工程は，この明記されたことを実現させるために仕事のやり方（手段），特に製造の場合は，使用する材料や部品の主な品質特性，加工のために使用する設備や機械・治工具・測定器・加工方法・加工条件などの技術条件など，誰もが守らなければならない領域について決めていくことが重要である．

【 [(79)] ～ [(81)] の選択肢】

ア．代用特性　イ．FMEA　ウ．品質特性　エ．工程解析　オ．目標
カ．方針　キ．SDCA　ク．工程設計　ケ．FTA　コ．作業標準

【 [(82)] ～ [(84)] の選択肢】

ア．品質計画　イ．制約条件　ウ．品質目標　エ．品質保全　オ．伝達事項
カ．創意工夫　キ．品質契約　ク．品質標準

5.2 工程異常の考え方とその発見・処置

QC 検定のレベル表における“工程異常の考え方とその発見・処置”は全体として，以下の(1)～(6)の項目について理解しておく必要がある．

(1) 工程異常とは

工程異常は JIS Q 9026:2016 で以下のように定義されている．

> **工程異常**
>
> プロセスが管理状態にないこと．管理状態とは，技術的及び経済的に好ましい水準における安定状態をいう．

このように異常は管理状態にない，安定状態にないことであり，規格など要求事項を満たしていない不適合とは異なることに留意しておく必要がある．

(2) 工程異常の見える化・検出

工程の状態を把握するために，まずは管理項目を選定する．そして，管理項目の時系列の推移状態を示す管理図や管理グラフを作成して見える化する．

異常の有無の判定は，グラフ内にプロットした点を管理水準と比較して実施する．この際，管理水準を越えた点だけでなく，連の長さ，上昇又は下降の傾向，周期的変動なども考慮する．

異常が検出された場合は異常警報装置（例：あんどん）などを活用して，周囲にすぐに知らせるようにする．

(3) 工程異常の処置

異常が発生した場合には，まずは異常の影響が他に及ばないように，プロセスを止めるか又は異常となったものをプロセスから外し，その後，異常となったものに対する応急処置を行う．応急処置は JIS Q 9026:2016 で以下のように定義されている．

> **応急処置**
>
> 原因が不明であるか，又は原因は明らかだが何らかの制約で直接対策がとれない不適合，工程異常又はその他の望ましくない事象に対して，これらに伴う損失をこれ以上大きくしないためにとる活動．

(4)　工程異常の異常原因の確認

異常発生時には，根本原因の追究を行うために，発生した異常がどのような異常原因によるものか確認する必要がある．異常原因はその発生の型によって表5.2.Aの三つに分類される．

表5.2.A　異常原因の分類

分　類	説　明
系統的異常原因	①ある規則性，周期性をもって瞬間的に起こる原因
	②一度起こると引き続き同じ異常を呈する原因
	③時間の経過とともに次第に異常の度合いが大きくなる原因
散発的異常原因	標準整備の不備などの管理上あるいは作業員の疲労などの管理外の問題であることが多く，規則性がない原因
慢性的異常原因	仕方がないとして正しい再発防止の処置がとられていない原因

(5)　工程異常の原因追究と再発防止

異常発生後は，異常が発生した工程を調査し，根本原因を追究し，原因に対して対策をとり，再発を防止する．再発防止に効果的であることがわかった対策は，標準類の改訂，教育及び訓練の見直しなどの標準化，管理の定着を行う．再発防止はJIS Q 9026:2016で以下のように定義されている．

再発防止

検出された不適合，工程異常又はその他の検出された望ましくない事象について，その原因を除去し，同じ製品・サービス，プロセス，システムなどにおいて，同じ原因で再び発生させないように対策をとる活動

(6) 工程異常発生の共有

異常発生を周知し，共有するために，工程異常報告書などにまとめて記録として残す．工程異常報告書には，異常発生の状況，応急処置，原因追究及び再発防止の実施状況，関係部門への連絡状況などを記載する．

引用・参考文献

1) JIS Q 9026:2016，マネジメントシステムのパフォーマンス改善—日常管理の指針

●出題のポイント

工程異常の考え方とその発見・処置の分野は，たびたび出題される分野である．QC 検定のレベル表では，2 級はその内容を知識として理解しているレベルとなっているため，用語と実践場面での基本的な対応を理解しておく必要がある．

特に異常原因の分類は 2 級でも 3 級でも各分類の名称とその意味について出題されており，今後，再出題される可能性は高い．

用語の定義は JIS の定義を中心に工程異常，異常原因，応急処置，再発防止，根本原因などを理解しておくとよい．

実践場面としては，工程異常を見える化する場面，異常発生時の対応の場面，異常発生時の異常処置の場面，根本原因を追究していく場面，異常発生の情報を共有する場面などがあり，それぞれの場面での基本的な対応を理解しておくとよい．

問題 5.2.1

［第 28 回問 10］

【問 10】　工程の管理用管理図に関する次の文章において，□内に入るもっとも適切なものを下欄の選択肢からひとつ選び，その記号を解答欄にマークせよ．ただし，各選択肢を複数回用いることはない．

図 10.1 は，今あなたが $\overline{X}-R$ 管理図に No.21 の $\overline{X}$ のデータを打点したところ，上側管理限界線から外れる異常点であったことを示している．

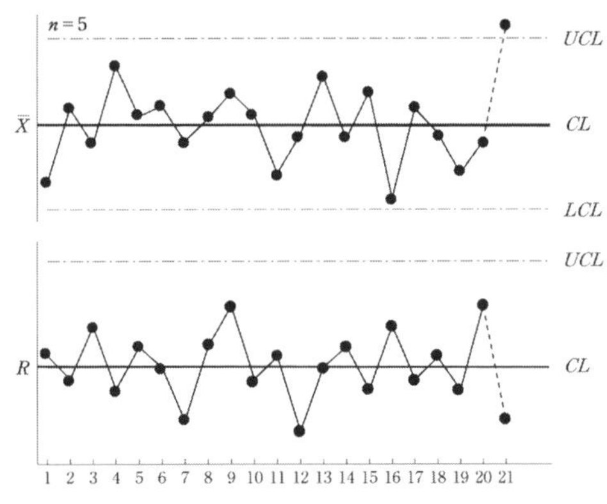

図 10.1　$\overline{X}-R$ 管理図

下表は，異常に対する判断の誤りや処置の誤りを起こさないために実施する主な処置事項を示したものである．

異常処置の項目	異常処置項目のねらい
(56)	異常の内容によってはラインを止める，製品・半製品の識別区分と選別を実施する，次工程や顧客への連絡が必要等急を要する場合もあるので，大所高所からの判断と処置の指示を受ける必要がある．
(57)	異常の内容によっては，組織的な行動や処置を伴うので，誤った情報を流したくない．短期間に確認して正確な情報を提供する必要がある．
(58)	異常の原因を早く特定し，影響の大きさ，影響を及ぼしている範囲の特定をしたい．工程管理標準などと比較して，早期に異常原因を特定し，一刻も早い復帰を図りたい．
(59)	異常の原因の早期特定のためには，問題の特性と因果関係のある工程や要因の情報が欲しい．重要なことは現地現物による事実の確認であるが，原因の特定や処置の判断に役立つ情報を提供したい．

【選択肢】

ア．異常の原因について考える

イ．現場の管理責任者に報告し指示を受ける

ウ．該当工程の管理状況について確認する

エ．データや計算・打点位置にミスはないか確認する

問題 5.2.2

[第8回問14]

【問14】 プロセス管理の過程で検出した異常の"処置手順と処置のポイント"に関する次の文章において，[　　] 内に入るもっとも適切なものを下欄の選択肢からひとつ選び，その記号を解答欄にマークせよ．ただし，各選択肢を複数回用いることはない．

手順1 [(72)]： ねらいは，異常品の流出範囲を広げないことと [(73)] ことである．

手順2 異常報告： ポイントは，判断・処置のできる人（職位）への [(74)] 報告である．

手順3 異常品流出の有無確認： ポイントは，後工程（お客様）にもっとも近い所から確認を始め，後工程（お客様）に流出の有無を確かめたうえで，必要な処置（連絡する．出向いて選別するなど）をすることである．

手順4 [(75)]： ポイントは，異常が発生する前後の状態を確認したり，いつもと違うところを探し，問題発生の根拠を明らかにすることである．

手順5 対策実施： ポイントは，[(76)] ことともに，異常発見に遅れはなかったか，異常を未然に防げなかったかについても考え，対策することである．

【選択肢】

ア．指示を待つ　イ．止める　ウ．異常発生前，またはいつもと違うところを元に戻す
エ．原因追究　オ．事実，ありのまま，早い　カ．そのままの状態を維持する

5.3　工程能力調査，工程解析

(1)　工程能力調査の概要

工程能力調査とは，工程がもつ製造能力を定量的に評価することである．その工程から不適合品がどの程度発生するかの指標となる工程能力指数で示される．

工程の新設や工程の変更が行われた際には，工程能力指数が工程の加工精度などの確認や判断を行うための重要な尺度となっている．

工程能力調査では，工程能力指数とともに，品質確認時のデータを取り扱う際の基本となるサンプリングや検定・推定・管理図などの手法が活用されることが多い．

なお，JIS Z 8101-2:2015 では工程能力を下記のように定義している．

工程能力

統計的管理状態にあることが実証されたプロセスについての，特性の成果に関する統計的推定値であり，プロセスが特性に関する要求事項を実現する能力を記述したもの

(2)　工程能力調査の手順

工程能力調査の手順の例を下記に示す[3)]．

手順 1　評価対象の工程データを集める

手順 2　$\bar{X}$–R 管理図を作成する

手順 3　ヒストグラムを描き工程能力を計算する

手順 4　工程能力指数 C_p 又は C_{pk} を求める

手順 5　工程能力一覧表に整理する

工程能力指数は下記により求められる．

$$\hat{C}_p = \frac{S_U - S_L}{6\hat{\sigma}}$$

偏りを考慮した場合： $\hat{C}_{pk} = \min\left(\dfrac{S_U - \hat{\mu}}{3\hat{\sigma}}, \dfrac{\hat{\mu} - S_L}{3\hat{\sigma}}\right)$

上側規格のみの場合： $\hat{C}_{pkU} = \dfrac{S_U - \hat{\mu}}{3\hat{\sigma}}$

下側規格のみの場合： $\hat{C}_{pkL} = \dfrac{\hat{\mu} - S_L}{3\hat{\sigma}}$

(3) 工程能力指数の評価基準

工程能力調査から得られた，工程能力指数の見方を表 5.3.A に示す．

表 5.3.A 工程能力指数の評価基準

指　数	イメージ	評価基準	補　足
$C_p > 1.33$		工程能力は十分	特性値のばらつきが，余裕をもって規格幅に収まっているため，不適合品発生の可能性は極めて低い．
$1.33 \geqq C_p > 1.0$		工程能力はあるが不十分	特性値のばらつきは規格幅に収まっているものの，一定の確率で不適合品が発生するおそれがある．
$1 \geqq C_p$		工程能力不足	特性値のばらつきが規格幅に収まっておらず，全数検査などで不適合品に対応する必要がある．

引用・参考文献

1） JIS Z 8101-2:2015，統計—用語及び記号—第 2 部：統計の応用
2） 吉澤正編(2004)：クォリティマネジメント用語辞典，p.178，日本規格協会
3） 中條武志，山田秀編著(2006)：TQM の基本，p.79，日科技連出版社

●出題のポイント

これまでの出題では，工程能力指数の値から工程が現在どのような状態かを判断させる，工程能力の評価について問う設問が多い．そのため，工程能力指数の意味を確実に理解しておきたい．そのためには，工程能力指数の計算の仕方（両側規格，片側規格，偏りのある場合など）もあわせて理解しておくことが重要である．

また，出題パターンとして実務における工程能力向上というテーマにどう対応すべきかをストーリー形式での出題がされている．こうした場合は，工程能力指数，管理図，検定・推定といった手法や，問題に取り組む際の進め方，社内体制など関連する事項についても問われることがある．こうしたストーリー形式での出題は，実務での経験を大切にして日頃の業務の中で得られた知見を整理するとともに，社外発表会などに積極的に参画し他社での取組みを学んでおくとよい．

問題 5.3.1

［第 19 回問 12］

【問 12】 チーム員 S 君とチームリーダーの問題解決に関する会話の次の文章において，［　　］内に入るもっとも適切なものを下欄のそれぞれの選択肢からひとつ選び，その記号を解答欄にマークせよ．ただし，各選択肢を複数回用いることはない．

A 製品を新規生産することになり，生産準備のプロジェクトチームが編成され，量産に向けてのプロジェクト活動が始まった．

S 君 ： A 製品の要となる H 部品の品質確保について，H 部品の重要部位 C の量産時と同じ工程および条件で 20 日間データを採取し，そのデータで ［(77)］ 用 $\overline{X}-R$ 管理図を作成し，工程の安定状態を確認しました．その結果ですが，各日の打点について，$\overline{X}$ 管理図および R 管理図とも管理外れと ［(78)］ は認められませんでした．したがって，工程は ［(79)］ 管理状態にあると判断しました．

リーダー ： なるほど．次にやることは，現状の工程で規格を満足することができるかという確認だな．

S 君 ： はい．同じデータを使ってヒストグラムを作成し確認をしました．結果は，分布の形は一般型で，工程能力は C_p が 0.91 で，C_{pk} は 0.89 でした．

リーダー ： そうか，工程能力は ［(80)］ という判断だな？

S 君 ： はいそうです．この結果から，我われは一般的な C_p の目標値である ［(81)］ 以上を目標に，［(82)］ に対する改善活動を始めました．

リーダー ： そうか．その改善活動はどのように取り組み，どの程度進んでいるのか？

S 君 ： はい．目標達成に向け，関係者で解決のためのアイデアをブレーンストーミングで出し，多く出されたアイデアの中から，経済性・作業性・技術面など多面的視点から検討し，重要と考えられる項目を 3 項目に絞りました．そして，その解決のための手段を ［(83)］ にまとめ，具体的な取り組み内容を明確にして活動を始めました．

リーダー ： なるほど．3 項目について具体的取り組みが始まったということだが，今回のプロジェクトは解決のための時間が少ない状況の中で，各々の役割分担と作業の納期が複雑に絡み合っているようだが，進捗管理はどうしているのか？

S 君 ： はい．達成への進捗計画は ［(84)］ で明確にしました．そして計画どおりに活動は進み，現時点で目標達成まで 85%のところまできています．まだ目標までには至りませんが，もう一歩がんばれば何とか量産段階までいけるのではないかと考え，最後の詰めを行っているところです．

【［(77)］～［(80)］ の選択肢】

ア．満足　イ．統計的　ウ．異常値　エ．一般的　オ．解析

カ．アウトオブコントロール(out of control)　キ．日常的　ク．点の並び方のくせ

ケ．不足　コ．十分

【 (81) ～ (84) の選択肢】

ア．マトリックス図　イ．連関図　ウ．平均　エ．系統図
オ．ばらつき　カ．特性要因図　キ．かたより　ク．1.33
ケ．アローダイアグラム　コ．1.00

問題 5.3.2

［第 21 回問 12］

【問 12】　品質特性の工程能力向上に関する次の文章において，　　内に入るもっとも適切なものを下欄の選択肢からひとつ選び，その記号を解答欄にマークせよ．ただし，各選択肢を複数回用いることはない．

A 社の新開発製品の，量産を前提とした量産試作での品質評価において，重要な品質特性に対する工程能力が不足していることが判明したので，改善に取り組んできた．

① 問題の重要な品質特性の規格と度数分布は図 12.1 のとおりであった．ポイントは，ばらつきが (66) ことおよび (67) がマイナス側に少し片寄っていることであり，これを認識して，工程解析・問題解決にあたることにした．

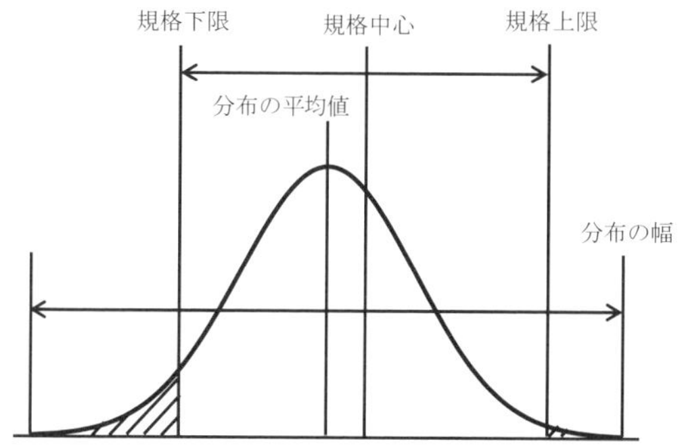

図 12.1　重要な品質特性の規格と度数分布

② 生産準備の工程計画書によると，図 12.2 の保証の網のとおりこの特性は (68) 工程で作り込まれる品質特性であった．1 次試作時にも 2 次試作時にも問題は発生していなかった．

第 5 章

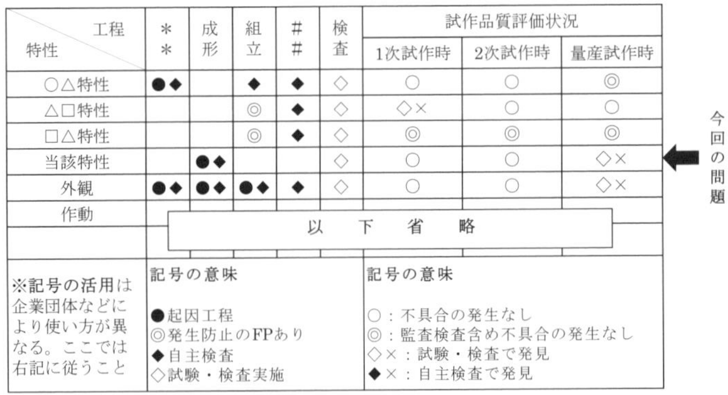

特性＼工程	＊＊	成形	組立	＃＃	検査	試作品質評価状況 1次試作時	2次試作時	量産試作時
○△特性	●◆		◆	◆	◇	○	○	◎
△□特性			◎	◆	◇	◇×	○	○
□△特性			◎	◆	◇	◎	◎	◎
当該特性		●◆			◇	○	○	◇×
外観	●◆	●◆	●◆	◆	◇	○	○	◇×
作動	以下省略							
※記号の活用は企業団体などにより使い方が異なる。ここでは右記に従うこと	記号の意味 ●起因工程 ◎発生防止のFPあり ◆自主検査 ◇試験・検査実施					記号の意味 ○：不具合の発生なし ◎：監査検査含め不具合の発生なし ◇×：試験・検査で発見 ◆×：自主検査で発見		

図 12.2　保証の網

③　試作品質評価の状況を確認すると，当該特性は 1 次，2 次の試作品質評価時には検査でも不具合が発見されていない，今回の量産試作で初めて発見されたものであった．過去の試作時との［(69)］を調査したところ，技術部門保有の成形機と製造部門保有の成形機であることのみであった．

④　そこで，重要な要因を成り行きのままにすれば品質特性のばらつきやかたよりは大きくなると考え，次の取組みをすることにした．今までの経験から重要な特性への影響が大きいと思われる要因を抽出し，機械固有の差を発見して，それを加味した実験を行った．ある製造条件の水準を横軸に取り実験した結果が図 12.3 である．こうして工程能力向上の糸口を確保できたのである．この図は［(70)］と呼ばれる．

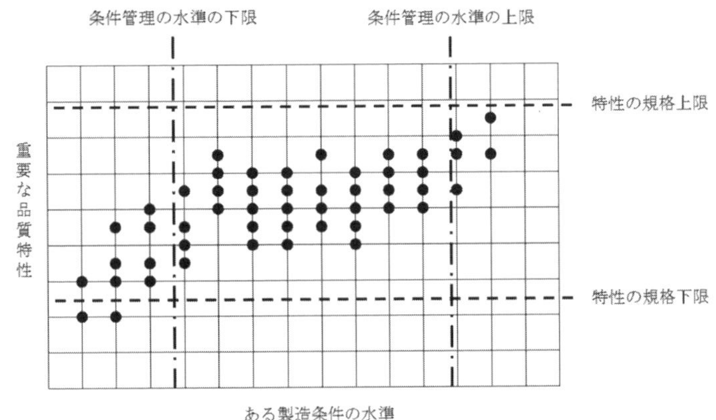

図 12.3　重要な品質特性とある製造条件の［(70)］

⑤ 以上の活動の中で，いくつかの要因に関する解析と実験を繰り返したが，製造条件の１つが大きく寄与していることがわかり，重要な品質特性の工程能力の向上を図ることができた．結果を保証するためには，しっかりとしたプロセス管理が必要であるのでこの結果を標準化し，製造現場に引き継いだ．製造現場にあっては今回の改善で設定した，要因系の管理すべき事項を遵守してほしい．

【選択肢】

ア．管理図	イ．平均値	ウ．大きい	エ．標準化
オ．適正な標準設定	カ．組立て	キ．違い	ク．成形
ケ．表面加工	コ．散布図		

5.4　変更管理，変化点管理

変更管理と変化点管理は，用語は似ているが異なる管理を示している．“変更”は意図的に変化させることを意味し，“変化”は従来と異なる状態になることを意味する．変更管理，変化点管理とも，変更，変化によって発生する不適合を未然に防ぐことや，不適合が発生したときにトレーサビリティをとることで原因となる変更，変化を特定し，再発防止につなげることを行う管理である．

以下にそれぞれの管理の概要を示す．

(1)　変更管理

JIS Q 9001:2015 の箇条 8.5.6（変更の管理）では以下のように規定されている．

“組織は，製造又はサービス提供に関する変更を，要求事項への継続的な適合を確実にするために必要な程度まで，レビューし，管理しなければならない．組織は，変更のレビューの結果，変更を正式に許可した人（又は人々）及びレビューから生じた必要な処置を記載した，文書化した情報を保持しなければならない”．

主な特徴は，製品，工程，サービスなどにおいて従来から変更したことや変更による影響を文書（ドキュメント）で残して管理することである．

(2)　変化点管理

製造工程において不適合が発生するのは，4M（Man：人，Machine：設備，Material：材料，Method：方法）が変化したときが多い．この 4M の変化を変化点管理表や変化点管理ボードなどを使って製造現場で見える化して管理するのが変化点管理である．表 5.4.A に変化点管理表の例を示す．

表 5.4.A　変化点管理表の例

項目	変化点	対　応	実施者	確認
人	新人配属	作業手順書による教育，作業観察実施	作業者 A	S 組長
設備	メンテナンス実施	メンテナンス後に品質確認実施	作業者 B	S 組長
材料	材料ロット変更	成分確認，品質確認	作業者 C	S 組長
方法	材料投入方法変更	・他との干渉がないことを確認 ・ライン稼働時に不具合が発生しないことを確認	作業者 D	S 組長

引用・参考文献

JIS Q 9001:2015，品質マネジメントシステム—要求事項

●出題のポイント

変更管理，変化点管理は出題実績が少ない分野である．方針管理，日常管理，初期流動管理など他の管理との違いを確認し，特に以下のポイントを理解しておくとよい．

変更管理は JIS Q 9001 で規定されていることを理解することが必要である．製造又はサービス提供に関する変更があった場合，変更のレビューの結果や変更を許可した人，変更による処置を文書化して残しておくことがポイントである．

変化点管理は，工程における 4M（Man，Machine，Material，Method）の変化情報を製造現場で見える化して管理することがポイントである．

出題はされていないが，変更と変化の違いについても理解しておくとよい．

問題 5.4.1

[第 9 回問 11]

【問 11】 次の文章において，[　　] 内に入るもっとも適切なものを下欄の選択肢からひとつ選び，その記号を解答欄にマークせよ．ただし，各選択肢を複数回用いることはない．

[(60)] 管理は，製品の量産に入る立ち上げ段階や，工場の移転，生産技術や生産方式の変更などの大きな工程変更が行われる際の管理である．[(61)] 管理は，製品の仕様や型式に関する変更を開発・設計において，基礎となるドキュメントを中心に管理するシステムである．[(62)] 管理は，工程における不適合発生の多くは 4M が変化したときに発生している現状があるため，この変化時に起こる変動を未然に防ぐための管理である．

【選択肢】

ア．変更　イ．設備　ウ．日常　エ．定期　オ．変化点
カ．履歴　キ．初期流動　ク．試作

5.5　検査の目的・意義・考え方，検査の種類と方法

品質保証プロセスでの検査は，開発から生産を経て市場に販売する段階の関所の役割として，お客様へ不適切なものを渡さないという重要な活動である．したがって，以下の概要解説を主に十分に理解を深めてほしい．

(1)　検査と考え方及びその目的

(a)　検査とは

検査とは，JIS Z 8101-2:2015 で下記のように定義されている．

> **検査**
>
> 品物又はサービスの一つ以上の特性値に対して，測定，試験，検定，ゲージ合わせなどを行って，規定要求事項と比較して，適合しているかどうかを判定する活動

・判定対象　①品物又はサービスに対しては，適合・不適合の判定を下すこと
　　　　　　②品物又はサービスのいくつかのまとまり（ロット）に対しては，合格・不合格の判定を下すこと

・適合・不適合　“適合”　：規定要求事項を満たしているもの
　　　　　　　　“不適合”：規定要求事項を満たされてないもの

・合格・不合格　“合格”　：“まとまりとしての基準”を満たしているもの
　　　　　　　　“不合格”：“まとまりとしての基準”を満たしていないもの

(b)　検査の考え方

品質を保証するためには，各段階において目標とする品質を作り込み，完成品を検査し，その品質水準が目標どおりになっているかどうかを確認し不適合品を除去することが必要である．

・工程能力不十分，不適合品を見逃すと重大な結果をまねくおそれがある

→全数検査

・工程能力が十分→無試験検査（ですむことが多い）

・ある程度の不適合品の混入が許容できる場合→抜取検査

(c)　検査の目的

① 主目的は，不適合品（不合格ロット）を後工程や顧客に渡らないようにすることである．

② 副目的は，検査によって得られた品質情報を<u>前工程にフィードバック</u>していくことで，プロセスの良し悪しを判定し，不適合な製品（あるいはロット）が発生しない工程づくりにつなげていくことである．

(2)　検査の種類

検査を行うときに重要なことは，その時点で要求されている検査方法を的確に選択して，正しく活用することである．表 5.5.A に分類ごとに検査の種類を示す．

表 5.5.A　検査の分類

分　類	検　査
検査の行われる段階	① 受入検査（購入検査） ② 工程間検査（中間検査） ③ 最終検査（出荷検査）
検査方法の性質	① 破壊検査：製品を破壊する検査 ② 非破壊検査：製品を破壊することなく行う検査
サンプリング方法	① 全数検査：ロット内のすべての検査単位について行う検査 ② 無試験検査：品質・技術情報に基づきサンプルの試験を省略する検査 ③ 間接検査：検査成績を確認することにより受入側の試験を省略する検査 ④ 抜取検査：ロットから，サンプルを抜き取り試験し調査する検査

(3)　抜取検査

抜取検査とは，“ロットからの一部のサンプルについて試験し，結果のデータでロットの合格・不合格を判定する方法”である．

利点：検査稼働が少なくてすむ

欠点：一部のサンプルしか試験していないため，合格・不合格の判定に誤判定となる確率がある．

抜取検査には規準型，調整型などがある．

(a)　規準型抜取検査

規準型とは，売り手と買い手の両者の保護を考えた検査方式のことである．

売り手の保護：不適合品率 p_0 のような品質の良いロットが不合格となる割合 α（生産者危険）を一定の小さな値にする

買い手の保護：不適合品率 p_1 のような品質の悪いロットが合格となる割合 β（消費者危険）を一定の小さな値にする

代表的なものに下記がある．

計数規準型一回抜取検査（JIS Z 9002）

計量規準型一回抜取検査（標準偏差既知：JIS Z 9003）

計量規準型一回抜取検査（標準偏差未知：JIS Z 9004）

1)　計数値抜取検査：サンプル（n）を試験し，サンプルを適合品と不適合品に分け，サンプル中の不適合品数や不適合数と合格判定個数（c）を比較して，そのロットの合格・不合格の判定を行う検査である．また，n 個のサンプルを抜き取るたびに n 個中に含まれる不適合品数がばらつくことに注目する．

- 規準型抜取検査のサンプルサイズの特徴：規準型で同じ p_0, p_1 で，同じ α, β のもとでは，サンプルサイズが JIS Z 9002＞JIS Z 9004＞JIS Z 9003 の順に少なくなる．
- 合格判定個数：ロットの合格の判定を下す最大の不適合品数又は不適合数
- OC 曲線（検査特性曲線）：ある品質のロットがどのくらいの割合で

合格になるか，不合格になるかの抜取検査の判定能力を示したもの．横軸にロットの不適合品率 p（%）と縦軸にロットの合格する確率との関係を示す曲線

2）計量値抜取検査：計量値で測定でき，サンプルから得られた計量値のデータから平均値（$\overline{x}$），標準偏差（s）を計算し，合格判定係数（k）と規格値より求めた合格判定値とを比較してそのロットの合格・不合格の判定を行う検査である．特に，計量値抜取検査はデータが正規分布であることを仮定しているので，品質特性が正規分布から外れる場合は適用できない．

(b) 調整型抜取検査（JIS Z 9015-1：ロットごとの検査に対する AQL 指標型抜取検査方式）

・検査の実績から品質水準を推測し，抜取検査方式を調整する検査である．

・検査の厳しさは“なみ検査”，“ゆるい検査”，“きつい検査”の 3 段階がある．

・検査の回数は，1 回，2 回，多回の 3 種類ある．

・検査指標は，合格品質水準 AQL である．

●出題のポイント

品質保証活動のプロセスである検査では，検査の目的，検査の種類，検査の方法など基本的な内容の理解が必要である．さらに抜取検査においては，規準型と調整型の内容及び違いや規準型の意味など抜取検査方式の内容の理解が必要である．また，検査で使われる用語が JIS からの表現で出題されていることが多いので，JIS の内容の勉強も必要である．

問題 5.5.1

[第15回問16]

【問16】　検査および試験に関する次の文章で正しいものには○，正しくないものには×を選び，解答欄にマークせよ．

① 受入検査，購入検査などで，供給側が実施したロットについての検査成績データを，そのまま使用して，受入の合格・不合格を判定して，受入側では試験・測定を省略する検査を“第二者検査”という．　(86)

② 製品・サービス，プロセス，またはシステムが，その規定要求事項を満たしていないことを“不適合”という．これには，標準（基準，手順など），慣行，マネジメントシステム，要員，組織などが要求事項を満たさない場合を含む．　(87)

③ 検査の重要な役割は，後工程や顧客に製品を引き渡す前に，定められた品質基準を満たしているかどうかを判断し，不適合な製品や不合格なロットを後工程や顧客に引き渡さないようにすることである．　(88)

④ 受入検査，購入検査では，供給者と購入者がいる場合，サンプルの半分を供給者が選出し，残りのサンプルを購入者が選ぶことで，生産者危険と消費者危険のバランスがとれ，ともに危険の確率が小さくなる．一方だけが検査に立ち会う場合には，公平にするためランダムにサンプルを選ぶ．　(89)

⑤ 最終検査で得たデータは，検査本来の判定目的に使用されるほか，特性の安定状況や傾向などを分析して前工程であるプロセスにフィードバックすることができる．　(90)

問題 5.5.2

[第 20 回問 17]

【問 17】 検査に関する次の文章と，関係する用語について，[ ] 内に入るもっとも適切なものを下欄の選択肢からひとつ選び，その記号を解答欄にマークせよ．ただし，各選択肢を複数回用いることはない．

品質管理課の A 君は，1 日に生産した製品について検査を行っている．

① 今日生産した 1,500 個の製品の中から，実際に測定する製品を選び出した． [(96)]

② 電気特性 X について測定装置を準備し，使用方法に従って，調整ボタン A を押しながら，メータの指示を“0（ゼロ）”に合わせ，次に調整ボタン B を押し指示が 100.00 になるのを確認した． [(97)]

③ 測定装置に，製品を規定に従ってセットし，測定を行った．表示が安定したところで，その値を記録したが，表示は小数点以下 2 桁であったので，それを丸めて小数点以下 1 桁の数値とし，基準に定めたフォーマットで記録した． [(98)]

④ その値を，事前に定めていた値と比較して，“適合品”と判定して，それを記録した． [(99)]

⑤ 選んだ製品をすべて測定したが，すべて“適合品”であったことから，今日の製品について“合格”と判定し，検査の記録に記入した． [(100)]

【選択肢】

ア．校正　イ．特別採用　ウ．品質判定基準　エ．ロット判定基準
オ．測定単位　カ．限度見本　キ．使用前の調整・確認　ク．標準サンプル
ケ．サンプリング　コ．検査単位

問題 5.5.3

[第 18 回問 16]

【問 16】　検査に関する次の文章で正しいものには○，正しくないものには×を選び，解答欄にマークせよ．

① 一般に計数抜取検査は計量抜取検査に比べて，少ないサンプルで所定の品質保証の検査を計画できる．　(95)

② 無試験検査は，試験や計測を行っていないが検査の一種といえる．　(96)

③ ランダムサンプリングが厳密に行われていれば，抜取検査は全数検査と同じ判定結果になる．　(97)

④ 官能検査は検査員の五感を使用するが，検査員の主観的な基準で判定してはならない．　(98)

⑤ 測定精度については，測定対象となっている品質特性のかたよりに対応して検討しなければならない．　(99)

⑥ 計量規準型抜取検査には，保証する対象がロットの平均値である場合とロットの不良率である場合の二つがある．　(100)

問題 5.5.4

[第 24 回問 8]

【問 8】　検査に関する次の文章において，[　　] 内に入るもっとも適切なものを下欄のそれぞれの選択肢からひとつ選び，その記号を解答欄にマークせよ．ただし，各選択肢を複数回用いることはない．

一般に製造業においては，工程内検査や出荷検査を実施している．検査方法は特性や条件にあわせて，全数検査，抜取検査，無試験検査などの使い分けを行っている．

① 全数検査が採用される場合としては，以下が挙げられる．

a) 工程能力が不十分で不適合品率が要求水準より大きい場合や，(49) に関する特性など少数の不適合品でも見逃すと重大な結果を招くおそれがある場合

b) 不適合の見落としによる損失が巨額である場合

c) 顧客から要求がある場合

② 工程能力が十分な水準まで改善され不適合品がほとんどないことが確実ならば，全数検査から抜取検査に移行できる場合もある．その際，［(50)］に抵触しないよう注意が必要である．
抜取検査が採用される場合としては，以下が挙げられる．

a) ［(51)］である場合
b) ある程度の数量の［(52)］が存在することが容認できる場合
c) 継続的な部品や購入品の受け入れの際に，ロットの品質を確認したい場合

【［(49)］～［(52)］の選択肢】
ア．価格　イ．破壊検査　ウ．安全　エ．サービス品　オ．契約
カ．工数　キ．非破壊検査　ク．不適合品

③ 抜取検査を大別すると計量抜取検査と計数抜取検査に分類される．そのうち，計数抜取検査には計数規準型と計数調整型などがある．
計数規準型抜取検査は，売手に対する［(53)］と買手に対する［(53)］の二つを規定して，売り手と買い手両方の要求を満足するように組み立てられた抜取検査である．
一方，計数調整型抜取検査は，継続して提出されるロットの品質履歴に応じて検査のきびしさを変える検査方式である．

④ 無試験検査は，前工程または過去の成績などからの品質情報や技術情報をもとにロットの品質を推定し，検査のためのサンプル試験を［(54)］するものである．当然，工程は［(55)］な状態であることが望ましい．もし，工程に管理外れが発生した場合には，そのロットに対して検査をして，品質への影響がなかったかどうかの確認が必要となる．また，材料ロット，設備のメンテナンス，作業者の体調などにより品質は［(56)］するので，適当な間隔で品質を確認することも重要である．

【［(53)］～［(56)］の選択肢】
ア．省略　イ．安全　ウ．利益　エ．挑戦　オ．変化
カ．少なく　キ．保護　ク．安定　ケ．QMS　コ．低下

5.6　計測の基本，計測の管理，測定誤差の評価

“ものごと”を検証して判断する場合，根拠となる計測値がもし間違った計測器あるいは計測方法に由来するものであれば，その判断はナンセンスなものになってしまうので，検査や工程管理などでは，計測管理は大変重要なプロセスである．

(1)　計測の基本

JIS Z 8103:2000 では計測と測定を下記のように定義している．

> **計測**
>
> 特定の目的をもって，事物を量的にとらえるための方法・手段を考究し，実施し，その結果を用い所期の目的を達成させること
>
> **測定**
>
> ある量を，基準として用いる量と比較し，数値又は符号を用いて表すこと

測定の種類には，直接測定と間接測定がある．

- **直接測定**：ノギスやマイクロメータなどの測定機器を用いて対象物の寸法を直接読み取る方法
- **間接測定**：測定物とブロックゲージなどとの寸法差を測定し，その測定物の寸法を知る方法．

(2)　計測の管理

- **計測管理**：“計測の目的を効率的に達成するため，計測の活動全体を体系的に管理すること”である．分野によっては，計量管理ともいわれる．

計測管理は計測作業の管理と計測機器の管理がある．

- **計測作業の管理**：計測者及び計測方法に対して，計測手順などの標準を決

め，それに基づく計測者の教育訓練を行い，結果をフォローすること．

- **計測機器の管理**：計測機器で測定した値が信頼性のある値であることを確認するために，計測機器を正しく管理（校正，修正など），使用することである．主な計測機器に関する実施事項は，対象機器の明確化→対象機器の識別→校正と検証→機器の調整，再調整→校正状態の識別→調整無効の防護→損傷等の保護である．
- **校正**：計器又は測定系の示す値，若しくは実量器又は標準物質の表す値と，標準によって実現される値との間の関係を確定する一連の作業

  備考　校正には，計器を調整して誤差を修正することは含まない（JIS Z 8103:2000）．
- **校正の必要性**：計測機器は経年変化，取扱いなどにより誤差が生じることがあり，その誤差が測定精度に影響しないことを確認するため
- **計測器のトレーサビリティ**：検定や校正に用いる社内の検査用基準器は，認定事業者による校正を受けることで国家計量標準へのトレーサビリティを確保することができる．
- **計測機器の管理方法**：機器ごとにナンバー化と管理の一元化し，校正周期・日程などを明確化
- **計測器を校正する作業**：“点検”と“修正”の二つから構成
- **校正周期**：明確な基準はなく，計測器の使用者が決めればよいが，一般的に，計測機器メーカーは１年ないしは２～３年に一回の校正を推奨．

(3)　計測誤差の評価

母集団からサンプリングして計測して得た情報には，必ず多種多様の環境（測定者の状態，測定方法のばらつき，熱による変形，使用条件など）が影響して計測の誤差が含まれる．この誤差は，計測器に固有の誤差，計測者による誤差，測定方法による誤差，環境条件による誤差などがある．これらの誤差を可能な限り減少させるために，計測作業の標準化及び標準書に基づく教育・訓練の仕組みづくりなどの管理が必要である．

・**計測誤差**：測定値から真の値を引いた値をいい，この誤差には，正確さ（かたより：系統誤差）の成分と精度（ばらつき：偶然誤差）の成分から構成されている．

・**誤差が生じる原因**：読み取り方法誤差，機器誤差，操作誤差，方法誤差

表 5.6.A　主な計測誤差に関する用語

（ただし，本文に明示された用語は除く）

区分	用　語	内　　容
測定	標準器	ある単位で表された量の大きさを具体的に表すもので，測定の基準として用いるもの （測定）標準のうち，計器及び実量器を指す．
	基準器	公的な検定又は製造業者における検査で計量の基準として用いるもの
	直接測定	測定量と関数関係にある他の量の測定にはよらず，測定量の値を直接求める測定
	間接測定	測定量と一定の関係にある幾つかの量について測定を行って，それから測定値を導き出すこと
誤差及び精度	真の値	ある特定の量の定義と合致する値 備考　特別な場合を除き，観念的な値で，実際には求められない．
	精度	測定結果の正確さと精密さを含めた測定量の真の値との一致の度合い
	かたより	同じサンプルを繰り返し測定した測定値の母平均から真の値を引いた値．真度という．
	ばらつき	同じサンプルを繰り返し測定した測定値の平均値からのばらつきの大きさをいう．
	系統誤差	測定結果にかたよりを与える原因によって生じる誤差
	偶然誤差	突き止められない原因によって起こり，測定値のばらつきとなって現れる誤差
	併行精度（繰返し精度）	併行条件（同一試料の測定において，人・日時・装置のすべてが同一とみなされる繰返しに関する条件）による観測値・測定結果の精度．
	繰返し性	同一の測定条件下で行われた，同一の測定量の繰り返し測定結果の間の一致の度合い
	再現性	測定条件を変更して行われた，同一の測定量の測定結果の間の一致の度合い

表 5.6.A（続き）

区分	用　語	内　　容
性能及び特性	安定性	計測器又はその要素の特性が，時間の経過又は影響量の変化に対して一定で変わらない程度若しくは度合い.
	校正	計器又は測定系の示す値，若しくは実量器又は標準物質の表す値と，標準によって実現される値との間の関係を確定する一連の作業. 備考　校正には，計器を調整して誤差を修正することは含まない
	調整	計器をその状態に適した動作状態にする作業. 備考　調整は，自動，半自動又は手動であり得る
	点検	修正が必要であるか否かを知るために，測定標準を用いて測定器の誤差を求め，修正限界との比較を行うこと.（JIS の附属書 1 に規定）
	修正	計測器の読みと測定量の真の値との関係を表す校正式を求め直すために，標準の測定を行い校正式の計算又は計測器の調整を行うこと.

QC 検定の問題で記載されている計測・測定に関係する用語は JIS Z 8103:2000 計測用語，JIS Z 8101:2015 統計—用語及び記号—）を参照のこと

- **測定結果の信頼性の表現**：計測器の測定精度を示す指標として“不確かさ”を明示する.

●出題のポイント

計測，測定誤差では，計測の意味，計測機器の管理と校正，誤差の種類と内容についての出題がされている．下記のポイントを重点に理解を深めてほしい.

- プロセス保証において，検査や測定機器の管理についての理解
- 測定と誤差について，測定誤差の成分と原因に関する用語の理解
- 計測器の校正に関する用語と内容の理解
- 計測機器の校正の定義や実施時の考え方の理解
- 検査を実施していくうえで精度管理の重要性の理解

・ISO 9001（品質マネジメントシステム—要求事項）の箇条 7.1.5.2（測定のトレーサビリティ）の内容からも出題されているので参考にすること．

問題 5.6.1

[第 14 回問 15]

【問 15】 測定の誤差に関する次の文章において，[ ] 内に入るもっとも適切なものを下欄のそれぞれの選択肢からひとつ選び，その記号を解答欄にマークせよ．ただし，各選択肢を複数回用いることはない．

① 対象の真の値と測定値との間の差を測定誤差というが，この誤差はかたよりの成分と [(87)] の成分からなる．かたよりの程度を [(88)]，[(87)] の程度を精度という．

【[(87)] [(88)] の選択肢】
ア．平均　イ．ばらつき　ウ．母平均精度　エ．真の値　オ．表示誤差
カ．真度　キ．性能　ク．測定単位

② 誤差の原因と考えられる，測定試料，方法，試験室，オペレータ，および装置を同じものとし，かつ，短時間で測定を繰り返し行った測定値の精度を [(89)] という．

③ 測定試料，方法は同じとして，試験室，オペレータおよび装置を異なるものとしたときに得られる測定結果の精度を [(90)] という．

【[(89)] [(90)] の選択肢】
ア．基本精度　イ．基礎精度　ウ．再現精度　エ．純精度　オ．併行精度
カ．異条件精度　キ．実現精度

問題 5.6.2

[第 19 回問 14]

【問 14】 計測に関する次の文章で正しいものには○，正しくないものには×を選び，解答欄にマークせよ．

① JIS Q 9001 で管理対象である計測機器は，公平性を期するために校正は自社で行うことは許可されていない．必ず，校正は認定された計測機器の校正機関で行わなくてはならない． [(90)]

② 校正周期は，同じような計測機器であっても，使用状況によって一律でなくてもよい．例えば，製造現場で使用するものは 6 か月，開発部署で使用するものは 2 年などの異なった有効期限を設定してもよい． [(91)]

③ 計測機器の使用にあたっては，正しい測定値が得られるような操作をしなくてはならない．校正された機器であっても，測定ごとにゼロ点調整が必要なものは，この手順を実施しなくてはならない． [(92)]

④ 計測に関するばらつきの誤差は，同じ対象を繰り返し測定し，平均することにより，同じ測定装置であっても小さくすることができる． [(93)]

⑤ 鋼製巻尺は金属を使用しているので，温度により伸び縮みが生じる．この誤差を小さくするためには，測定時の気温を確認して，得られた測定値を補正する場合がある． [(94)]

問題 5.6.3

［第 23 回問 10］

【問 10】　計測に関する次の文章において，□内に入るもっとも適切なものを下欄のそれぞれの選択肢からひとつ選び，その記号を解答欄にマークせよ．ただし，各選択肢を複数回用いることはない．

生産現場における品質保証の進め方の大切な要素は，“不適合品を作らない”“不適合品を流さない”である．そのために品質チェックとしての検査・測定が行われるが，それに使用する計測機器の選択と精度管理は非常に重要である．

① 計測機器の選択にあたっては，求められている品質特性の精度より［(58)］精度の計測機器を選定する必要がある．

② 精度管理を進めていくうえで注意しなければならない項目として，点検と［(59)］がある．点検に関しては，すべての計測機器に対し始業前に正しく動作することを確認するとともに［(60)］と照合して計測機器の精度の確認を行う．

③ 当該計測機器の［(59)］後の合否判定では，“［(61)］（基準値と測定値の平均値との差）”，“［(62)］（計測機器の測定範囲全体にわたっての［(61)］の変化）”を見ないと正しい判定はできない．一般的に，長さ測定に使用されるノギス等では“［(62)］”を保証するために，測定範囲のすべてにおいて正しく測定できたかを，［(63)］点以上の測定値とその真値を用いて確認する．

【［(58)］～［(60)］の選択肢】

ア．基準器　　イ．修正　　ウ．低い　　エ．高い　　オ．校正（較正）
カ．測定器

【［(61)］～［(63)］の選択肢】

ア．3　　イ．歪み　　ウ．2　　エ．変形　　オ．かたより
カ．直線性

5.7 官能検査，感性品質

(1) 官能検査とは

官能検査（官能評価）は JIS Z 8101:1981 で以下のように定義されている．

> **官能検査**
>
> 人間の感覚を用いて品質特性を評価し，判定基準と照合して判定を下す検査（評価）

JIS Z 8144:2004（官能評価分析―用語）では，“官能評価分析に基づく評価”が官能検査の定義である．この用語を解説すると，官能検査とは，人の感覚器官が感知できる属性である官能特性を人の感覚器官によって調べる官能試験に基づく検査ということになる．

官能検査では，計量検査と異なり人間の感覚によって行われるので，判断基準は実物，切り取り，模造などの検査見本による．検査見本には下記のものが挙げられる．①→③の順に検査の判定精度が安定する．

① 標準見本：単に品質の目標を与えるだけの見本．

② 限度見本：良否の判定を与えるもので“合格限度見本”と“不合格限度見本”をいう．

③ 段階見本：複数の見本を段階的に並べたもので，品質の程度の表現ができる．

(2) 官能検査の特徴

(a) 人間が計測器であるため，検査環境の違いや検査する人による合否判定のかたよりやばらつきが大きい．

合否判定の精度を向上するには，以下の対応が重要である．

① 検査見本の整備：検査品と限度見本とを比較して判定するためには，“合格限度見本”と“不合格限度見本”の両方を準備する．

② 検査環境の整備：検査精度が検査環境によって左右されるので，照明，防音，温度，湿度，換気など検査項目に合致した環境を整備する．

③ 検査作業の標準化と教育：検査員の体調管理や適正な作業時間など検査作業の標準化を図るとともに，検査精度を維持するための教育・訓練をする．

(b) データは基本的に言語なので，順序尺度あるいは名義尺度が主である．

(c) 疲労や順応，訓練効果などが大きいため，官能評価独特の手法が多い．

(3) 官能検査の種類

官能検査の種類は，分析型官能評価と嗜好型官能評価がある．

(a) 分析型官能検査：人の感覚器官を使って試料の差を客観的に評価するための検査

(b) 嗜好型官能検査：人はどのような試料を好むのか主観的な評価を調査するための検査

(4) 官能検査の方法

表 5.7.A に示すように官能検査の方法には，識別型手法と尺度化がある．

表 5.7.A　官能検査の方法

分　類	手　法	概　　要
(a) 識別型手法	①二点識別法	2 種類の試料を評価者に提示しそれらの属性又は優劣を比較する方法．
	②三点識別法	同じ試料(A)2 点と，それとは異なる試料(B)1 点とをコード化して同時に評価者に提示し，性質が異なる 1 試料を選ばせる方法．
	③一対比較識別法	複数の試料が存在するとき，それらを 2 個ずつ対にして評価者に提示し，一対一比較を繰り返し試料の順位付けを行う方法．
(b) 尺度化	①順位法	指定した官能特性について，強度又は程度の順序に試料を並べる方法．
	②格付け法	あらかじめ用意され，かつ順位をもったカテゴリーに試料を分類する方法．

識別型手法には，代表的な方法として，二点識別法，三点識別法，一対比較試験法がある．

感覚に限らず人間の嗜好その他において，官能特性の評価を数字や他の表現で表そうとすることを“尺度化”という

(5) 感性品質

官能検査は単なる“検査や評価”を行うだけでなく，感性に訴えるものづくり，感性を生かしたものづくりの品質として“感性品質”が注目されている．

> **感性品質**
>
> 人の五感で感じる“見て，触って，聞いて，味わって，使って”などの品質感である人間が抱くイメージやフィーリングによって評価される品質

“感性品質”は，顧客に好まれる商品を提供するために，顧客の言葉をイメージ化し，情報分析をして，商品開発に活かせるように，感性品質の評価によって多様化・個性化への対応が必要である．

●出題のポイント

(1) 官能検査

官能検査の基本的な意味，特徴，種類，検査方法について理解しておくことが必要である．また，官能検査の用語は，出題されることが多いので JIS Z 8144:2004（官能評価分析—用語），JIS Z 9080:2004（官能評価分析—方法）を参照するとよい．

(2) 感性品質

過去の出題は現時点ではないが，官能品質と同じ人間の感性により評価される品質であり，魅力的品質を追求する上で重要な内容である．今後，出題の可能性もあるので関係する用語は理解しておいてほしい．

問題 5.7.1

[第 13 回問 16]

【問 16】　官能検査に関する次の文章で正しいものには○，正しくないものには×を選び，解答欄にマークせよ．

① 官能検査は，対象とする製品を人間の五感の一つまたはその複数の感覚を用いて評価し，製品の適合／不適合を判定，あるいは品位の判定をするものである． (89)

② 官能検査では，現実的な評価を行うために，検査環境である明るさ，温度，湿度などの条件は自然のままにして，日によって，また一日のうちでも朝昼夕と変化した状態で行うことが基本である． (90)

③ 官能検査の判定は，基準に対して適合，不適合のどちらかを判断することであり，評価の結果でスコアをつけるような検査は，計量値検査であり，官能検査ではない． (91)

④ 官能検査は人が判断を行うものであり，評価者によって結果が異なる場合もあるので，官能検査では，一度検査を行い，評価が済んだ製品については，他の評価者によっての再評価は行わないというルールが適用される． (92)

⑤ 味など人の好みが関係するようなものについて，複数の一般の評価者により，味の濃さや風味を変えた開発中の製品について，おいしいと感じた順位をつけてもらった．この結果は評価者によって違いがでているが，このデータについては順位相関係数などを求めることによって，統計的に評価の一致の程度を知ることができる． (93)

⑥ 官能検査による判定をできるだけ標準化するために，限度見本が用いられることも多い．限度見本には，適合の限度見本，あるいは不適合の限度見本，またはその両方が用いられる． (94)

2 級

第 6 章

品質経営の要素

6.1 方針管理

方針管理は後述する機能別管理（6.2 節）や日常管理（6.3 節）とともに，日本の品質経営を特徴付ける重要な品質マネジメント技法に一つである．方針管理の定義や活動のステップ（手順）などについて，概要をまとめる．

昨今の産業を取り巻く社会・経済の急激な環境変化には，トップ以下関係部門の総力をあげて対応しなければならない．その対応策として，方針管理は最有力な管理技法の一つである．

(1) 方針管理の定義

方針管理は次のように定義される[1)]．

> **方針管理**
>
> 経営基本方針に基づき，長・中期経営計画や短期経営方針を定め，それらを効果的・効率的に達成するために，企業組織全体の協力のもとに行われる活動

ここで，方針とは，“トップマネジメントによって正式に表明された組織の使命，理念及びビジョン”，又は，“中長経営期計画の達成に関する組織の全体的な意図及び方向付け”である[2)]．その内容は，①重点課題，②目標，③方策から構成されることが一般的である．トップマネジメントとは，“最高位で組織を指揮し，管理する個人又はグループ”[3)]であり，通常，経営者を意味する．

(2) 方針管理の実施ステップ[1)]

次に，方針管理の実施ステップを図 6.1.A に示す．フローの左側には，PDCA の活動ステップを併記した．管理のサイクルを回すという観点では同じである．

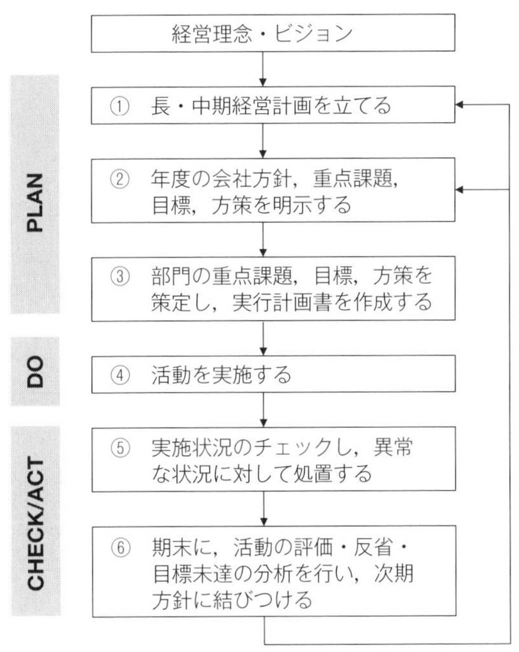

図 6.1.A　方針管理の実施ステップ
『クォリティマネジメント用語辞典』p.486 をもとに作成

(3)　方針管理の運用ポイント

方針管理の運用にあたっては，次の三つのポイントがある．

(a)　トップマネジメントのリーダーシップ

方針管理は，経営理念やビジョン，経営基本方針のもとに展開されるので，トップマネジメントや上位管理者のリーダーシップが肝要となる．経営資源である予算，人材などの最適配分，さらに活動中の実情把握，不具合時の対応にも配慮が必要である．

(b)　方針の展開における上位部門と下位部門の連携

方針管理の展開にあたっては，上位方針を順次ブレークダウンして具体化していく．その際には，“すり合わせ”といわれる上下の部門間の調整によって，上位部門の重点課題，目標や方策と下位部門のそれらが，一貫性を保持しながら，下位に行くに従って，より具体的になることが重要である．上下部門間の意思疎通，意図の理解，及び関連組織の横の連携も目標達成のカギとなる．方針展開の体系図を図 6.1.B の階層で示す．

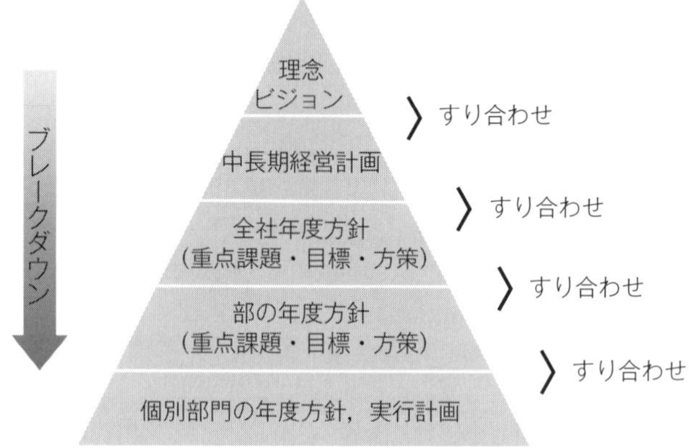

図 6.1.B　方針展開の体系

(c)　進捗状況のフォローと結果の評価，次期計画への反映

方針管理は，PDCA を回すという枠組みと関連が深い．進捗状況のフォローと結果の評価，次期計画への反映とは，PDCA の C と A である．当然ながら，期末には，目標の達成状況をフォローアップする．多くの企業組織では，期中（月例フォローも含む）の進捗状況のフォローアップがある．目標未達成ないし未達成のおそれがある場合には，早急な対策を講じなければならない．問題の予兆があるときこそ，トップマネジメントや上位管理者のリーダーシップが必要である．

(4)　方針管理と日常管理の関係

改めて，方針管理とは，企業組織の中長期経営計画からの重要課題を達成するために行う革新的活動である．一方，日常管理とは，業務分掌からの日常的な業務を維持向上させていく活動である．いわば，日常管理が円滑に遂行されている企業組織において，さらに発展するための革新的活動が方針管理のもとに実行されるわけである．方針管理と日常管理の関係を，図6.1.Cに示すように海上を航海する船舶に例えて説明することができる[4)]．船舶が企業組織である．船舶は日常管理と機能別管理（6.2, 6.3節参照）だけでは，一定のスピードで同じ方向に進む．スピードアップや方向を変えるには，それだけでは不十分な場合もある．急な天候の変化にも対応できるように，すなわち，経営環境の変化にも柔軟に対応できるように方針管理が必要となってくるのである．

図 6.1.C　方針管理と日常管理の関係
出所　『クォリティマネジメント用語辞典』p.562，図2，日本規格協会

業務遂行上，方針管理と日常管理は相反するものではなく，相互補完的に関係が深い．実務上，職務を実行する段階では，方針管理の管理項目や管理指標と日常管理のそれらとが重複することもある．また，前期の方針管理の重点課題であったのが，今期では日常管理の項目になることもあり得る．

なお，方針管理に関する全体像は，JIS Q 9023（マネジメントシステムのパフォーマンス改善—方針によるマネジメントの指針）に明示されているので，参考にするとよい．また，JIS Q 9023では，方針管理を“方針によるマネジメント”と表記しているが同義である．

引用・参考文献

1）吉澤正編(2004)：クォリティマネジメント用語辞典，p.486，日本規格協会
2）JIS Q 9023:2003，マネジメントシステムのパフォーマンス改善―方針によるマネジメントの指針
3）JIS Q 9000:2015，品質マネジメントシステム―基本及び用語
4）吉澤正編(2004)：クォリティマネジメント用語辞典，p.459，日本規格協会

●出題ポイント

方針管理に関する問題は，過去10年間ほぼ毎回出題されている．特に，2017年第23回以降は毎回出題されている．

問題の多くは，方針管理の定義，用語の意味，方針管理の実施ステップ（手順）である．これらを知っているかどうかがポイントなので，これらを確実に理解しておきたい．とりわけ，用語については方針管理の指針を示したJISであるJIS Q 9023:2003から引用されることが多いので，JIS Q 9023に沿って復習しておくとよい．本書に収録している問題（第14回問11，2012年）では，JIS Q 9023の解説文章がそのまま引用されて，穴埋め問題となっている．

最近では，過去の問題に類似した問題が頻出すると同時に，実務的な場面を想定した出題がある．教科書的な知識を問う問題であっても，実践の場に置き換えた設問のスタイルとなっている．

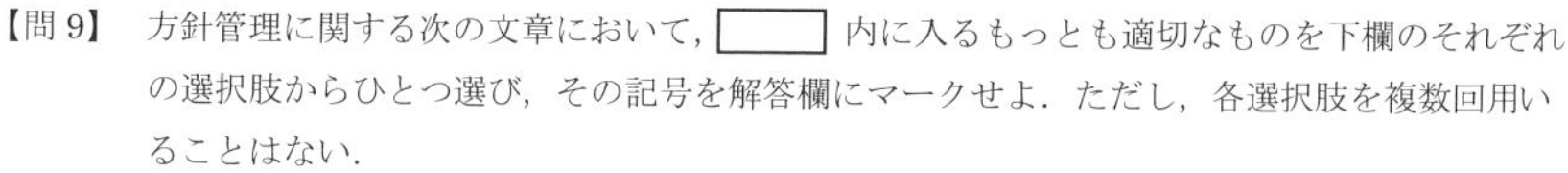

問題 6.1.1

[第 16 回問 9]

【問 9】　方針管理に関する次の文章において，[　　] 内に入るもっとも適切なものを下欄のそれぞれの選択肢からひとつ選び，その記号を解答欄にマークせよ．ただし，各選択肢を複数回用いることはない．

① 方針管理とは方針を組織全体の参画のもとでベクトルを合わせ [(56)] で達成していく活動であり，PDCA を回して [(57)] を組織的に行うための活動である．

② 方針管理は，業種・形態・規模等を問わず，[(58)] な視点に基づく方針の策定を行い，進捗の確認を行い，必要に応じて処置を行うことであらゆる組織で利用できる．

③ 方針管理とは，“[(59)] によって正式に表明された組織の使命やあるべき姿，または中長期計画の達成に関する組織全体の意図および方向付け”を意味する．

【[(56)] ～ [(59)] の選択肢】

ア．現状打破　　イ．短期的　　ウ．管理職　　エ．トップマネジメント
オ．中長期的　　カ．重点指向

④ [(60)] は経営層によって策定された，戦略を実施するためのものである．

⑤ [(61)] は，組織として重点的に取り組み達成すべき事項を示す．

⑥ [(62)] は，方針または重点課題の達成に向けた対応で，追求し目指す到達点である．

⑦ [(63)] は，目標を達成するために採用される手段である．

【[(60)] ～ [(63)] の選択肢】

ア．経営理念　　イ．方策　　ウ．中長期経営計画　　エ．重点課題　　オ．目標

第 6 章

問題 6.1.2

[第 12 回問 12]

【問 12】 方針管理に関する次の文章において，[ ] 内に入るもっとも適切なものを下欄の選択肢からひとつ選び，その記号を解答欄にマークせよ．ただし，各選択肢を複数回用いることはない．

組織内にはいろいろな部署があり，それぞれが果たすべき役割が定められている．一方，組織が顧客に対して，また，社会に対して貢献するためには，これらの部署のひとつだけが活動した結果ではなく，関連した多くの部署が連携をとり，そのうえで目標が達成されることになる．

① 方針管理では，トップの定めた方針を実現するために，関連する部署が活動を調整し，その結果をつかみ，必要な処置をとって部門横断的に協力して活動するために [(60)] が重要である．ここでは，方針を実現するために，それぞれがどのようなことを実施するか，ということを具体的に検討し定める [(61)] の活動や，目標達成のために，それぞれの活動でどれだけの目標値とするかの [(62)] が行われる．

② 活動はそれぞれの部署が責任をもって行うことになる．各部署が，計画どおり実施できるように，準備をし，実行し，その結果を把握するなど，与えられた責任を果たすための活動が [(63)] である．

③ 計画した活動が確実に実施され，計画したとおりの結果となるように活動に合わせてさまざまなチェックが行われる．このうち，活動の結果がどのようになったかを [(64)] で見る．事前に条件等をチェックする項目が [(65)] である．確実な活動の実施と，結果を把握するために，これらの項目について適切なものを設定すること，また，必要な評価基準を定めることが重要である．

【選択肢】

ア．方針展開　イ．点検項目　ウ．管理項目　エ．工程管理
オ．部門別管理　カ．達成管理　ク．機能別管理　ケ．すり合わせ
コ．ねり合わせ

注） 選択肢は原文どおりです．

問題 6.1.3

[第14回問11]

【問11】　方針管理に関する次の文章において，□内に入るもっとも適切なものを下欄のそれぞれの選択肢からひとつ選び，その記号を解答欄にマークせよ．ただし，各選択肢を複数回用いることはない．

方針管理の推進にあたって考慮すべきことは，JIS Q 9023（マネジメントシステムのパフォーマンス改善－方針によるマネジメントの指針）において，次のように述べられている．

① 中長期経営計画および方針の策定

a) 期末の反省および経営環境の分析を通した，組織における問題点および (53) の明確化

b) 具体的で明確である目標，従来の延長線ではない現状打破のための目標，および客観的に評価できる定量的な目標の設定

c) 具体的な (54) の立案

【(53) (54) の選択肢】

ア．生産量　　イ．担当者　　ウ．方策　　エ．日程　　オ．重点課題

② 方針の展開および実施計画の策定

a) 上位の重点課題・目標が，下位の重点課題・目標の達成によって確実に (55) されるようにする．

b) 部門横断チームを含む部門間の連携を考慮する．

c) (56) の配分を考慮し，予算と方策とを整合させる．

【(55) (56) の選択肢】

ア．アウトプット　　イ．制御　　ウ．達成　　エ．インプット　　オ．資源

③ 実施状況の確認および処置

a) 組織は，目標が達成されない，または方策が計画どおり実施されないような現象を早期に発見できる (57) をつくっておくことが望ましい．

b) トップマネジメントは，期中の適切な時点でおのおのの部門，および部門横断チームにおける方針の実施状況を (58) することが望ましい．

【(57) (58) の選択肢】

ア．診断　　イ．緊急対策　　ウ．観察　　エ．仕組み　　オ．応急対策

第6章

④ 実施状況のレビューおよび次期への反映

a) 期末には，その期における (59) の実施状況を総合的にレビューし，組織の中長期経営計画，経営環境などを考慮したうえで，次期 (59) に反映する．

b) 方針によるマネジメントの進め方を改善する．

【 (59) の選択肢】

ア．分掌業務　イ．標準　ウ．再発防止　エ．方針　オ．日常管理

問題 6.1.4

[第8回問11]

【問11】 方針管理に関する次の文章において， 内に入るもっとも適切なものを下欄の選択肢からひとつ選び，その記号を解答欄にマークせよ．ただし，各選択肢を複数回用いることはない．

次の文章は，ある組織の方針管理を評価したときの指摘である．この組織は指摘された方針管理の仕組みを改善することにした．それぞれの指摘に対して，もっとも関連の深い方針管理の仕組みを答えよ．

① 目標・方策が計画どおり進んでいないにもかかわらず，その原因追究が行われず，とるべき処置が明確でない． (52) の仕組み

② トップマネジメントが三現主義（現場・現物・現実）によって現場における方針の展開，実施状況，現場の実態と課題，管理者の能力などを確認し，提案するなどのコミュニケーションの場がない． (53) の仕組み

③ 最終的な目標値，途中段階での目標値，処置限界，確認の頻度が決められていない． (54) の仕組み

④ 市場動向，社会動向などの組織を取り巻く環境，および自己の経営資源の実態に関する情報を十分に収集しておらず，その分析も不十分である． (55) の仕組み

⑤ 上位方針と部門の方針との関連について，部門の方針が達成された場合に上位方針が達成されるかどうかが検討されていない． (56) の仕組み

【選択肢】

ア．中長期経営計画の策定　イ．方針の展開　ウ．管理項目の設定
エ．実施状況の確認　オ．診断　カ．期末反省・次期への反映　キ．資源の準備

問題6.1.5

[第21回問13]

【問 13】　方針管理に関する次の文章において，［　　］内に入るもっとも適切なものを下欄のそれぞれの選択肢からひとつ選び，その記号を解答欄にマークせよ．ただし，各選択肢を複数回用いることはない．

① 組織のそれぞれの部門において，日常的に実施されなければならない業務分掌について，その業務目的を効率的に達成していくための日常管理の活動に加えて，改善・革新に取り組む方針管理の活動が重要である．方針管理は，組織として重点的に取り組んで達成すべき事項である重点［(71)］を明確にし，その達成に向けた取組みにおいて追求して目指す到達点（達成すべき結果）である［(72)］と，［(72)］達成のための具体的な［(73)］を検討し，関連部門と協力のうえでベクトルをあわせて解決を図っていく活動である．

【［(71)］～［(73)］の選択肢】

ア．作業手順　イ．標準　ウ．代用特性　エ．課題　オ．成果
カ．目標　キ．業務機能　ク．方策　ケ．ボトルネック

② 方針管理の活動は一般的に次の手順で進められる．

手順1　組織のトップは，組織の使命・［(74)］・ビジョン，経営環境などに基づき中長期の経営［(75)］を策定する．

手順2　トップは，中長期の経営［(75)］に基づき，年初に該当年度に取り組むべき重点［(71)］とその［(72)］および［(72)］達成のための主要な［(73)］を方針として明示する．

手順3　方針を各部門に展開する．各部門は上位方針を受け，また，部門として前年度の反省や抱えている問題を考慮して部門の［(71)］を解決するための実施［(75)］を立案する．

手順4　各部門は，実施［(75)］どおり実施しているか，期待どおりの成果が出ているかなどを，職位に応じて月・週単位などで［(76)］グラフや［(76)］資料を用いてチェックし，異常な状況に対しては早期に対策を講じる．

手順5　トップは，各部門の［(72)］の達成状況，［(73)］の実施状況などを三現主義で確認するために，適時各部門に出向いて［(77)］を実施し，総合的なチェックを行う．［(77)］は，組織の現場において，組織の人々とのコミュニケーションをとおして活動の実態を把握し，適切な対策をとるために行う．

手順6　年度末に年度の活動を集約して評価し，目標未達成の［(78)］などを行い，次年度の方針に結びつける．

【［(74)］～［(78)］の選択肢】

ア．トップ診断　イ．資源　ウ．計画　エ．第二者監査　オ．理念
カ．結果　キ．管理　ク．意識　ケ．差異分析　コ．是正

第6章

6.2 機能別管理

機能別管理は品質経営の重要な一分野であり，方針管理（6.1 節）や日常管理（6.3 節）などとともに，実務においても不断に実施されている活動である．機能別管理の定義や活動の進め方などについて，概要をまとめる．

(1) 機能別管理がなぜ必要か

企業・組織の規模が大きくなるにつれて，事業部門や下部組織の中に，似通った業務を行う部署が誕生するようになる．さらに，部門間の情報共有や人的連携も希薄になりがちである．そこで，共通的な経営項目，例えば，品質，生産管理，安全などについて横串を刺すような統括的な組織や会議体を設けることになる．これが機能別管理の発端である．

(2) 機能別管理の定義

機能別管理は次のように定義される[1)]．

> **機能別管理**
>
> 品質，コスト，量，納期などの経営基本要素ごとに全社的に目標を定め，それを効果的・効率的に達成するため，各部門の業務分担の適正化を図り，かつ部門横断的に，連携，協力して行われる活動

ここで，“機能”とは，品質，コスト，量，納期などの経営基本要素を指す．ポイントは“部門横断的”である．各部門の通常の管理活動が日常管理であるのに対し，部門横断的に展開する活動が機能別管理の真髄である．ちなみに，機能別管理の英訳は“cross-functional management”である．

よく似た用語に，クロスファンクショナルチームがある．これは大きな問題解決に取り組むために，複数の部門から選抜された精鋭メンバーで構成された特別なプロジェクト活動を指す．機能別管理と区別して理解しておききたい．

(3)　機能別管理の運用ポイント

機能別管理の運用にあたっては，次の二つのポイントがある．

(a)　マトリックス管理

6.1 節の方針管理の図 6.1.C の船舶の部分を見ていただきたい．社長をトップとした一般的な組織図を模式化したタテ方向の線が何本かある．事業部門や○○部などをイメージするとよい．ヨコ方向（点線）が機能（品質，生産管理，安全など）である．すなわち，タテ方向を日常管理，ヨコ方向を機能別管理と見ることができる．これは，機能別管理と日常管理がマトリックスの関係として相互に存在していることを意味している．これを，マトリックス管理という．

(b)　機能別委員会

具体的な機能別管理のツールとして，横串を刺す形の機能別委員会（会議体）がある．例えば，各部門の“品質”を統括する部署が主導して，各部門の品質関係者を委員とする“品質管理委員会”を設ける．定期的に開催して，全社的な品質目標の達成・進捗状況などをフォローアップする．年初には，品質方針の策定やその展開などの責務を負う．また，生産管理や安全などについても同様である．

(4)　機能別管理と日常管理の関係

機能別管理は日常管理と対になって運用される．日常管理は，次節 6.3 で詳述されるが，部門に固有の業務，すなわち，業務分掌や標準類に沿って，現状維持や改善を進める通常の管理活動である．一方，機能別管理は，部門を越えて経営目標を達成するために部門横断的に管理する活動である．前述のように，タテとヨコの相互補完的な関係といえる．

なお，日常管理は部門別管理と呼ばれることもある．同義語と思ってよい．

引用・参考文献

1） 吉澤正編(2004)：クォリティマネジメント用語辞典，p.120，日本規格協会
2） JIS Q 9023:2003，マネジメントシステムのパフォーマンス改善－方針によるマネジメントの指針

●出題ポイント

機能別管理に関する問題は，2級では過去10年間で，第10回問10と第14回問14の2問のみである．それも単独の問題ではなく，方針管理と合わせての出題，あるいは，いくつかの小問の一つとして出題されている．

出題の内容は，機能別管理の定義や特徴についてである．

出題がほとんどないからといって，軽視してはいけない．方針管理，日常管理とともに，基本的な事項は押さえておきたい．

問題 6.2.1

［第 10 回問 10］

【問 10】　次の文章において，［　　］内に入るもっとも適切なものを下欄の選択肢からひとつ選び，その記号を解答欄にマークせよ．ただし，各選択肢を複数回用いることはない．

全部門・全階層の参画のもとで，ベクトルを合わせて［(52)］を［(53)］で達成していく活動が［(54)］である．目標を達成するために選ばれる手段が［(55)］である．QCD などの経営基本要素ごとに全社的に目標を定め，それを効果的・効率的に達成するため，各部門の業務分担の適正化を図り，かつ［(56)］に連携し，協力して行われる活動が［(57)］である．おのおのの部門が与えられたそれぞれの役割を確実に果たすことができるようにする活動が［(58)］である．

【選択肢】
ア．規格　イ．部門横断的　ウ．部門別管理　エ．方針　オ．機能別管理
カ．基本別管理　キ．全社直列的　ク．方針管理　ケ．方策　コ．重点指向

問題 6.2.2

［第 14 回問 14 ③］

【問 14】　品質保証活動の進め方に関する次の文章において，［　　］に入るもっとも適切なものを下欄のそれぞれの選択肢からひとつ選び，その記号を解答欄にマークせよ．ただし，各選択肢を複数回用いることはない．

③　品質，コスト，量，納期などの経営基本要素ごとに全社的に目標を定め，それを効果的・効率的に達成するため，各部門の業務分担の適正化を図り，かつ，横断的に，連携，協力して行われる活動を［(81)］という．

【［(81)］～［(83)］の選択肢】
ア．関係組織　イ．供給者　ウ．第三者監査　エ．自己監査　オ．方針管理
カ．プロジェクト管理　キ．機能別管理　ク．日常管理　ケ．TQM 活動計画

6.3　日常管理

(1)　日常管理とは

製造工程では，日々トラブルや不適合品が発生している．これは，そのプロセスで行うべきことが適切に行われていないことに起因することが多い．それを防ぐには，まずはそのプロセスにおいて，するべきこと，してはいけないことを標準として定め，そのとおりに実施することが必要である．

しかし，こうした標準が整備されていたとしても，トラブルや不適合品の発生を完全に防ぐことは難しい．そのため，トラブルや不適合をいち早く検知して応急処置をとること，そして原因を調べ，対策を標準に反映して再発防止を行うことが重要である．このような活動が日常管理と呼ばれている．

なお，日常管理の指針を示したJIS Q 9026:2016では，日常管理を次のように定義している．

> **日常管理**
>
> 組織の各部門において，日常的に実施しなければならない分掌業務について，その業務目的を効率的に達成するために必要な全ての活動

また，機能別管理との対比で日常管理は“部門別管理”と呼ばれることもある．

(2)　日常管理の進め方

日常管理の進め方は業種・企業により様々であるが，ここでは文献2)を参考に日常管理の進め方の例を表6.3.Aに示す．

(3)　方針管理・機能別管理との関係

方針管理と日常管理の関係は，日常管理が各部門における管理運営であるのに対し，方針管理はトップからの方針に基づき現状打破を目指す活動である．

表 6.3.A　日常管理の進め方（例）

手順	概　　要	関連する活動やツール（例）
①	部門の分掌業務とその目的を明確にする．	業務分掌規程, QC 工程表など
②	目的のための管理項目と管理水準を定める．	QC 工程表など
③	目的を達成するため手順を明示した帳票などを整備する．	作業標準，作業マニュアルなど
④	③で規定された必要な要件（作業者への教育，材料，設備など）を準備する．	生産計画など
⑤	③の手順に従って実施する．	
⑥	管理項目と管理水準の状況を把握する．	管理図，工程能力調査など
⑦	②の基準から外れる状況を検知し，しかるべき措置をとる．	応急処置，再発防止，変化点管理，異常処置など

機能別管理と日常管理の関係は，日常管理が各部門における管理運営であるのに対し，機能別管理は品質や原価など特定の経営目的を達成するための部門間連携の活動である．

引用・参考文献

1）JIS Q 9026:2016，マネジメントシステムのパフォーマンス改善―日常管理の指針

2）吉澤正編（2004）：クォリティマネジメント用語辞典，p.575，日本規格協会

3）中條武志，山田秀編著（2006）：TQM の基本，p.159，日科技連出版社

●出題のポイント

QC 検定レベル表によると，日常管理の区分の下には，“業務分掌，責任と権限”，“管理項目，管理項目一覧”，“異常とその処置”，“変化点とその管理”が含まれている．2 級ではこの内容を実務で運用できることが求められている．

これらを日常管理の流れの中で押さえておくとともに，関連する手法についてもよく把握しておくことが必要である．また，方針管理と日常管理との違いを中心に，それらの目的の違いについて理解を深めておくとよい．

問題 6.3.1

［第 22 回問 13］

【問 13】 日常管理に関する次の文章において，[ ] 内に入るもっとも適切なものを下欄のそれぞれの選択肢からひとつ選び，その記号を解答欄にマークせよ．ただし，各選択肢を複数回用いることはない．

J 社は，各部門・担当者がそれぞれの仕事に責任をもってプロセスやシステムを自律的に管理することを基本に日常管理を進めている．しかし，最近，仕事の結果が常に一定の成果を得られない事例が顕在化してきた．そこで，日常管理の進め方の再教育を行い，次のことを周知した．

① 日常の業務遂行で，各人が勝手に行動すると仕事の結果のばらつきが大きく，効率も悪くなりがちなので，もっとも優れた方法を定めてこれに則って仕事をするために，[(67)] を日常管理の基本にする．[(67)] とは，効果的・効率的な組織運営を目的として，共通に，かつ繰り返して使用するための取決めを定めて活用する活動である．

② 経営目標を達成するうえで必要となる機能を分解し，部門とその構成員に割り当てられた [(68)] は，業務分掌に明記するものである．誰に対して何を提供するのかという観点から，関係者が集まり話し合って部門の [(68)] を明確にする．

③ 部門が行う業務を分析して業務機能展開を行い，実行可能なレベルまで業務を具体化し，業務の流れやつながりをプロセスフローで明確にする．プロセスフローに含まれる個々のプロセスについて，達成すべきアウトプットと，そのアウトプットを得るために必要なインプットを明らかにし，手順の設定，手順どおりの実施，結果の確認を行う．このように，個々のプロセスにおいてアウトプットが要求される基準を満たすことを確実にする一連の活動が [(69)] である．

④ 日常管理は安定したプロセスの実現が重要である．プロセスの結果はいろいろな原因によってばらつくので，結果に与える影響が大きく，技術的・経済的に突き止めて取り除く必要がある原因を [(70)] として設定することが重要である．[(70)] は，目標の達成を管理するために，評価尺度として設定した項目である．

【[(67)] ～ [(70)] の選択肢】

ア．プロセス保証　イ．予防処置　ウ．方針　エ．標準化　オ．代用特性
カ．是正処置　キ．使命・役割　ク．挑戦目標　ケ．管理項目　コ．品質特性

⑤ 突き止めて取り除く必要のある原因によって結果が通常の安定した状態から外れる事象である [(71)] の発生を早期に検出する必要がある．[(71)] と，定められた規格にあっていないなど要求事項を満たしていない [(72)] とは，明確に区別しなければならない．

⑥ [(71)] の発生を検出するには，通常とは何かを客観的に判定できる [(73)] を設定する．[(73)] は，プロセスが技術的・経済的に好ましい安定状態にある場合に [(70)] がとる値を定めたものであり，通常達成している水準をもとに設定される．

⑦ 日常業務の進め方や手続きが定められていても，業務プロセスへのインプット，経営資源，作業手順などの条件を完全に一定にすることは難しく，設備・機械の保全状態，材料・部品のロットの違いなどの [(74)] がプロセスに発生することが普通である．これらを見過ごしてしまうと [(71)] が発生することが起こり得る．プロセスで発生する [(74)] を特定し，監視するために特段に注意することを明確にした [(74)] 管理を確実に行うことが重要である．

【[(71)] ～ [(74)] の選択肢】

ア．中心値　イ．適合　ウ．管理水準　エ．潜在不良　オ．代用特性
カ．変化点　キ．不適合　ク．挑戦目標　ケ．中央値　コ．異常

問題 6.3.2

［第 18 回問 11］

【問 11】 次の文章において，[　　] 内に入るもっとも適切なものを下欄のそれぞれの選択肢からひとつ選び，その記号を解答欄にマークせよ．ただし，各選択肢を複数回用いることはない．

① 組織の各部門で，日常的に実施されなければならない分掌業務について，その業務目的を達成するために必要なすべての活動が [(61)] である．この活動は，日常的に実施しなければならない分掌業務について作業標準などを定め，これに従って作業を行い，その結果をチェックし，検出された異常に対しては，その [(62)] と対策を実施するという [(63)] を回すことが基本である．

② 具体的な取り組みでは，各部門が課せられた職務を明確にしたうえで，その目標達成を管理するための評価尺度として選定した [(64)] を設定する．この設定にあたっては，結果系と要因系を区別することに留意し，結果をチェックする項目を [(65)] ，要因をチェックする項目を [(66)] とよぶことが多い．

③ さらに，安定した，または計画どおりの仕事をしたときのプロセスの状態を表す値である [(67)] を設定することが必要である．一般にこの設定においては，とるべき値（目標値）と [(68)] の二つが基本となる．

【[(61)] ～ [(63)] の選択肢】

ア．限度見本　イ．未然防止　ウ．工程検査　エ．日常管理
オ．管理のサイクル　カ．目標値　キ．機能別管理　ク．原因追求

【[(64)] ～ [(68)] の選択肢】

ア．点検点　イ．技術水準　ウ．管理項目　エ．管理技術　オ．管理点
カ．付加価値　キ．許容限界　ク．異常点　ケ．管理水準

第 6 章

問題 6.3.3

［第 23 回問 15］

【問 15】 日常管理に関する次の文章において，［ ］内に入るもっとも適切なものを下欄のそれぞれの選択肢からひとつ選び，その記号を解答欄にマークせよ．ただし，各選択肢を複数回用いることはない．

G 工場では樹脂・金属部材を組み合わせた各種部品を製造している．G 工場の工場長は積極的に現場をパトロールするようにしている．本日は G 工場の幹部会の日である．工場長から現場パトロールで感じた課題や進め方について説明があった．

① 加工設備を見ていると，汚れや油不足などの状況が見られる．設備を使っている現場担当者に聞くと，“設備保全担当者が忙しく清掃や給油などをやってくれない”という話であった．
現場担当者の一人ひとりが“自分の設備を自分が守る”という考えをもち，自分の設備の点検や給油，日常的な部品交換，異常の早期発見などを自ら行うようにする必要がある．そのために，「［(93)］保全活動」の導入を早急に検討するようにしたい．
［(93)］保全活動は，一般的には 7 つのステップで行う．第 1 ステップが「［(94)］清掃」，第 2 ステップが「［(95)］・清掃困難箇所対策」，第 3 ステップが「自主保全基準の作成」，第 4 ステップが「総点検」，第 5 ステップが「自主点検」，第 6 ステップが「標準化」，第 7 ステップが「自主管理の徹底」である．計画的にステップを進めることができるように，導入計画を検討するようにしてほしい．

② 生産現場を見ていると，生産された製品について組み直し，修正などを行っている．工程内で製品の廃棄ロスにはなっていないが，手直しをしなければならないさまざまな問題が内在していると考える必要がある．手直し状況を把握し，管理・改善していくためには，［(96)］率という見方が必要である．［(96)］率を管理していくことで現場の改善が進むのではないか．

【［(93)］～［(96)］の選択肢】
ア．共同　イ．直行　ウ．発生源　エ．自主　オ．特別
カ．修繕　キ．初期

③ 現場事務所に，安全の「ヒヤリ・ハット提案」の提出件数のグラフがあったが，提出件数が減少してきている．［(97)］である労働災害や事故を発生させないようにするためには，災害や事故が起こる前に，ヒヤリ・ハットとして，災害や事故につながる潜在的な出来事である［(98)］を顕在化させ，対策を行うことが重要である．そのためにも，なぜ「ヒヤリ・ハット提案」が減少しているかについて，調べてみてほしい．

④ 主要部品について，毎ロットの不適合品率をタイムリーに算出できる仕組みになっていることは素晴らしい．さらにこれらのデータを活用し，管理をしっかりしていくために，管理図で見ていくようにしてはどうか．毎日の生産量は変動するので，［(99)］管理図を活用していくとよい．上方管理限界（UCL）を超えるようであれば，工程を調査し原因を追及する必要がある．仮に下方管理限界（LCL）を下まわることがあれば“好ましい［(100)］”として，改善のヒントになる．

【 (97) ～ (100) の選択肢】

ア．p　イ．インシデント　ウ．np　エ．異常

オ．目的　カ．コンピタンス　キ．アクシデント　ク．正常

6.4 標準化

(1) 標準化の目的・意義・考え方

JIS Z 8002:2006（標準化及び関連活動――一般的な用語）では，“標準化”を次のように定義している．

> **標準化**
>
> 実在の問題又は起こる可能性のある問題に関して，与えられた状況において最適な程度の秩序を得ることを目的として，共通に，かつ，繰り返して使用するための記述事項を確立する活動

わかりやすく表現すると，“様々な関係者の合意を得て，規格を確立し，活用していくこと”である．

標準化の身近な例では，乾電池やQRコードなど，どの国のどのメーカーでも同じ仕様となっている．また，非常口を示したピクトグラムと呼ばれる絵文字の表記も国際的に共通化されている．このように標準化は，様々な人々に多くのメリットをもたらしており，このことが標準化の意義といえるのである．また，標準化の主な目的を表6.4.Aにまとめる．

表 6.4.A 標準化の目的

目　的	適用例
目的適合性	材料を採用するときに，目的を満たす仕様のものから選ぶ．
両立性	心臓に使用されているペースメーカーが誤作動しないように電波保護のための基準を設ける．
互換性	ボルトやナット，蛍光灯の交換が容易にできる．
多様性の制御	乾電池を単1形～単6形に統一して，単純化する．
安全	ヘルメットや自動車用シートベルトの仕様を規格化する．
環境保護	環境規制を実施するために測定方法や分析方法，電気製品のリサイクル技術を統一化する．
製品保護	冷凍食品の適切な保管温度を規定する．

(2)　社内標準化とその進め方

社内標準化とは，会社などの組織内における標準化のことで，社内の関係者の同意に基づき，さらに社外の関連規格との調和を図りながら，仕事のやり方，生産方法，製品・材料の仕様などを単純化・統一化しつつ，最適になるように基準を制定・改訂し，それを活用することである．顧客に提供する製品やサービスの品質保証，生産・業務の効率化・合理化，コスト低減，安全の確保や環境保護などを図り，それによって会社の利益をあげることを目的にした活動である．

社内標準化を確実に進めるためのポイントは，①推進組織の体制づくり，②啓蒙と教育・訓練，③社内標準化の計画と実施，④社内標準の管理（作成→実施→チェック→改訂のPDCA）である．

(3)　産業標準化，国際標準化

産業標準化においては，日本では，産業標準化法に基づいて“日本産業規格の制定”と“日本産業規格への適合性に関する制度（JISマーク表示認証制度及び試験所登録制度)”が運営されている．日本産業規格の略号として“JIS”（ジス）が用いられており，広く普及している．JISには，①基本規格，②試験方法規格，③製品規格がある．日本産業規格は，国家標準と呼ばれるものであるが，このような標準は，階層構造のもつ適用範囲によって，五つに分類される．表6.4.Bに分類と代表例を示す．

表 6.4.B　標準の分類と代表例

分　類	代表例
国際標準	ISO（国際標準化機構)，IEC（国際電気標準会議)
地域標準	CEN（欧州標準化委員会)，CENELEC（国際電気標準化会議)
国家標準	JIS（日本)，ANSI（米国)，DIN（ドイツ)，BS（英国)
団体標準	ASTM（米国材料試験協会)，ASME（米国機械学会)
社内標準	各企業の社内標準

●出題のポイント

標準化の出題範囲は，“標準化の目的・意義・考え方”，“社内標準化とその進め方”，“産業標準化，国際標準化”となっており，その定義と基本的な考え方となっている．

“標準化の目的・意義・考え方”に関しては，基礎的な知識を問う出題が多く，特に標準化の目的について，一通り学習しておくことが望まれる．標準化の目的については，表 6.4.A にも記載しているが，そのほかにも，生産効率の向上，製品の適切な品質確保，正確な情報の伝達・相互理解の促進などがある．

“社内標準化とその進め方”に関しては，社内標準の作成手順や確実な展開方法などに関する出題が多い．実務を通じて，再確認するとよいであろう．

“産業標準化，国際標準化”については，日本産業規格（JIS）や JIS マーク表示制度について押さえておくとよい．国際標準化については，国際標準，地域標準，国家標準，社内標準の違いを理解しておくことが望まれる．

問題 6.4.1

[第12回問10]

【問10】 品質管理の導入に関する次の文章において，[ ] 内に入るもっとも適切なものを下欄の選択肢からひとつ選び，その記号を解答欄にマークせよ．ただし，各選択肢を複数回用いることはない．

① 従業員10人の金属加工業のA社は品質管理の導入を決意し，社長は，工場長を品質管理責任者に任命した．工場長は，まず加工プロセスの実態を把握するため工程解析を行うこととした．1ロットの加工ごとに，段取り・実加工時間や加工個数など，また重点指向のための有効な手法である [(50)] を作成するために，傷・破損等別の不適合個数，さらに [(51)] を把握するため再加工（手直し）なしで適合となった加工個数なども記録する作業記録表を作成した．

② 朝礼を通じて，品質管理の導入目的や重要性，作業記録表への記入手順を作業者に教育し，データ取りを開始したが，未記入の作業記録表が散見され，工場長はその都度指導を行っていた．
そのような中，主要顧客B社による品質の [(52)] 監査が行われ，定めた手順どおりに作業記録表に記録されていない旨の不適合を指摘され，B社から [(53)] を要求された．

③ 工場長は真の原因を追究した．その結果，B社の社員と違って，文章を書くのが不得手な当社の従業員には，記入文字数が多い作業記録表を敬遠していることがわかり，極力，丸付け（○付）など選択方式の作業記録表に改めた．あわせて，文書で細かく作成していた [(54)] を，鍵となる作業の写真や絵で端的に示す [(54)] に改めて加工機のそばに明示した．
その結果，データ取りは順調に行われていった．文書化の程度は，組織の規模や要員の力量に応じて定めることが大切である．

【選択肢】

ア．予防処置	イ．合格率	ウ．直行率	エ．第二者	オ．第三者
カ．管理図	キ．パレート図	ク．是正処置	ケ．作業手順書	コ．仕様書

問題 6.4.2

[第 14 回問 16]

【問 16】 社内標準化に関する次の文章を読んで，設問の指示に従って答えよ．

品質マネジメントシステム構築中の組織が社内標準の体系を作成することにした．その作業手順と実施内容を次のようにまとめた．空欄となっている実施内容の欄について，下記に与えられた実施内容（①～④）を手順 2～手順 5 の順に並び替えたとき，もっとも適切な組合せを下欄の選択肢からひとつ選び，その記号を解答欄にマークせよ． (91)

手順	実施内容
1	社内で行われている品質にかかわる業務を列挙する．
2	
3	
4	
5	
6	内部監査などを実施し，その結果に基づいて社内標準化の体系および関連する文書の改定を行う．

<実施内容>

① 社内標準化の体系を決め，各階層，およびその要素に含めるべき方針，目標，手順，ならびに関連する文書・様式を明確化する．

② 集めた文書・様式を並べて，品質に関する業務のつながりを明確化する．

③ 作成した品質に関する業務リストをもとに，品質マネジメントシステムに関する既存の方針，目標，手順，責任などについて既存の文書・様式を集める．

④ 品質マニュアルについて，社内標準化の体系に応じて章の構成を決め，章ごとに検討を行って記すべき内容を決める．

【選択肢】

ア．③ → ④ → ① → ②　　イ．① → ② → ③ → ④　　ウ．② → ③ → ④ → ①

エ．③ → ② → ① → ④

問題 6.4.3

［第 24 回問 13］

【問 13】　標準に関する次の文章において，［　　］内に入るもっとも適切なものを下欄の選択肢からひとつ選び，その記号を解答欄にマークせよ．ただし，各選択肢を複数回用いてもよい．

① 欧州には多くの国があるが，各国の枠を超えて EN 規格が制定されており，これにより各国が同じ標準で製品の設計・開発，製造などの活動が行えるようにしている．これは，［(80)］の例である．

② JIS 規格は，経済産業大臣や主務大臣の承認によって制定されており，これを満たす製品であれば消費者は安心して製品を購入できる．これは，［(81)］の例である．

③ 米国では，英語で書かれている ISO 規格をそのまま読むことができるが，改めて ANSI 規格として制定し，使用している．これは，［(82)］の例である．

④ B 社では過去の経験やノウハウなども含めて作業のやり方を規定した文書を活用している．これにより製品・サービスのばらつきを低減し，担当者や日によらず同じものが提供できるようにしている．これは，［(83)］の例である．

⑤ ISO 規格のほか，電気製品についての IEC 規格，通信に関係する ITU 規格がある．これらは，［(84)］である．

【選択肢】

ア．社内標準　イ．業界標準　ウ．国家標準　エ．国際標準
オ．地域標準　カ．該当なし

問題 6.4.4

[第28回問14]

【問14】 標準化に関する次の文章において，[ ] 内に入るもっとも適切なものを下欄のそれぞれの選択肢からひとつ選び，その記号を解答欄にマークせよ．ただし，各選択肢を複数回用いることはない．

① 製造の品質，原価および [(77)] の目標を製造過程において確実に達成していくために，製造工程のコントロール因子である材料，設備，作業者および [(78)] を管理する必要がある．

② これらを管理するための標準として，生産システムの構築に向けて [(79)] に関する基本的な内容を定めた [(80)] と，製造現場で実際にものを作る作業について具体的な方法を定めた [(81)] とがある．

【[(77)] ～ [(81)] の選択肢】

ア．製品規格　イ．納期　ウ．製造作業標準　エ．検査標準
オ．作業方法　カ．検査方法　キ．生産技術　ク．製造技術標準
ケ．生産準備

③ 作業標準とは，材料規格で定められた材料や，部品規格で定められた部品を用いて加工し，[(82)] で定められた品質の製品を作り上げるために，作業内容，作業手順，作業方法，使用材料・部品，使用設備，作業上の注意事項などを定めたものである．これら作業の標準化により品質の安定，不適合品発生の防止，作業能率の向上等を図ることができる．

④ 作業標準は，製造現場の運営管理の基準として，作業方法の指導・訓練をやりやすくし，また技術の向上・改革のための基礎として，技術の蓄積，ノウハウおよび技能の伝承に大きく貢献する．なお，作業標準として考慮すべき要件の例を以下に示す．

a) 作業標準の目的が明確になっていること．
b) 工程を管理状態に保つために，各工程のコントロール因子の管理方法が明確になっていること．
c) 実行可能なものであること．
d) 具体的な決め方で表現されていること．できるだけ数値で示し，図，表，絵，写真を併用し，手順は箇条書きにするなど表現に工夫があること．
e) けが等の事故が発生しないよう，作業の [(83)] を考慮して決めてあること．
f) 関連する標準や規定と [(84)] がとれ，矛盾がないこと．
g) 改訂管理が容易であること．

【[(82)] ～ [(84)] の選択肢】

ア．検査標準　イ．安全　ウ．整合　エ．検査作業　オ．製品規格
カ．納期　キ．原価　ク．品質　ケ．混合

6.5　小集団活動

(1)　定　義

小集団活動と QC サークルの言葉をほぼ同じ意味として出題される場合が多いが，定義としては図 6.5.A のような概念で捉えている．小集団活動の中に，同じ職場で集まって活動する職場別グループと，ある目的のために組織された目的別グループとがある．前者は通常 QC サークルと呼ばれ，後者はプロジェクトチームやタスクフォースと呼ばれることがある．

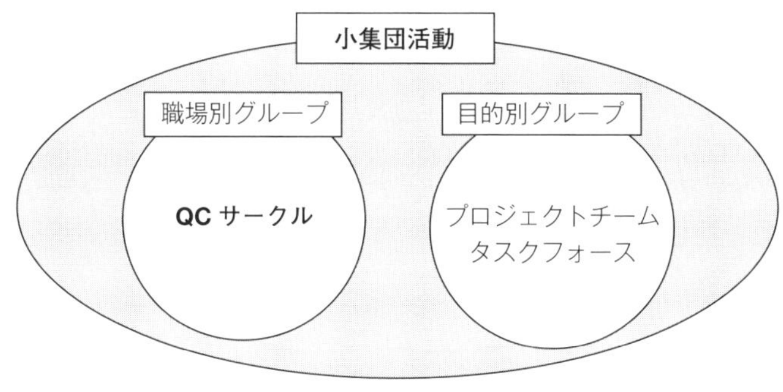

図 6.5.A　小集団活動の種類

QC 検定での出題は“小集団活動”として問う問題と，“QC サークル活動”として問う問題とがあるが，二つの活動はほぼ同じ意味で捉えて，進め方やあるべき姿について問う形になっている．日本における品質管理では，小集団活動が同じ職場のメンバーで構成される QC サークルとして発展してきた経緯があるため，小集団活動として問う場合にも，QC サークルとして問われていると考えて大きな矛盾は生じない．

小集団活動は日本の品質管理の変遷の中では，QC サークル活動の全国展開を図る中で，その要点が『QC サークルの基本』(『QC サークル綱領』から 1996 年に改称）としてまとめられてきている．

ここでは，QC サークルについての定義，基本的な進め方，活動の目的，経営者・管理者の関与の仕方，サークル活動の基本理念という内容が記述されている．よく取り上げられるのは自発的な活動である点であり，昨今の働き方改革の動きなどから，取組内容等は自発的な活動ではあるものの就業時間内での運用をする業務扱いとする場合もあり，注意する必要がある．

QC サークルが自発的な活動であることが重要なのは，活動の成果を求めるだけでなく，活動を進める中において自己啓発，相互啓発による自己実現を目指すことにある．これは，活動を継続的に行わないとメンバー間の相乗効果が得られにくいため，目的別グループのように問題・課題によりグループが組織される場合と異なる部分である．

(2) 概 要

小集団活動の詳細について，日本品質管理学会規格 JSQC-Std 31-001:2015（小集団改善活動の指針）に，小集団活動の品質管理における位置付けとして，効率的な組織運営を実現する活動としている．職場に密着した活動であり，全員参加を原則とし，発表会・報告会等による評価であり，職制とは異なるものとされている．よってメンバーの中から選ばれたリーダーには，メンバー間のコミュニケーションを活発にさせてメンバーのチームワークを維持することが求められる．

小集団においての取組みは，製造部門だけでなく事務間接部門のようなサービスに関する取組みにも広がっている．その取組み内容や方法については事例を参照することで具体的になるため，活動事例の一部を引用する設問も多い．問題解決・課題達成を小集団活動において進める中で，QC 的な考え方・手順・手法を活用することが大切であることから，活動において QC 七つ道具，新 QC 七つ道具がよく使われる．そのため，小集団活動を進めるためには基本的な手法の使い方や特徴を把握して使いこなせるようにしておくことが必要である．また，活動の流れとして QC ストーリーによるステップの適用も心掛けるとよい．これは，活動を手戻りなく効率よく進めるためだけでなく，問題・課題の把握から解決に至るまでの流れを，周囲の関係者にもわかりやすくすることができるからである．問題解決・課題達成のプロセスが見えるようになるため，原因究明や対策検討のプロセスが関係者にも事例として把握できる．組織の中で共有化し水平展開を行い，大きな効果につなげることもやりやすくなる．

このように小集団活動はいろいろなタイプが存在するが，現場における改善活動の主たる存在であることが多く，活動内容の結果がその組織のパフォーマンスに大きく影響するものである．小集団活動は経営環境の変化が著しい中で，組織を構成する人たちの自己実現を目指し，組織全体として効果をあげることに工夫を続けている．

引用・参考文献

1)　日本品質管理学会規格 JSQC-Std 31-001:2015，小集団改善活動の指針
2)　QC サークル本部編(1996)：QC サークルの基本，日本科学技術連盟

●出題のポイント

小集団活動に関する出題で重視されているテーマは次の 3 点である．

(1)　小集団活動の進め方・推進方法

設問が小集団活動を推進する立場からの考え方で記述されている傾向がある．小集団をどのような方法で運営すべきか，取組み内容の詳細はどのような点に注意しなければならないか，という実際に運営することに絞り込んだ内容になっている．管理・監督者の立場で考えなければならないことや推進事務局として小集団活動の活性化に心掛ける点などが重要なポイントとなっている．

(2)　メンバー・リーダーの役割

小集団活動を進めるための役割を問う内容も多い．リーダーがメンバーに対して注意しなければならないことや，チームワークづくりの大切さなども設問として多く取り上げられている．

(3)　テーマ選定のやり方

活動の進め方として，テーマの選定方法について取り上げている設問が多々見られる．テーマ選定により小集団活動の内容を方向づけるため，テーマの表

現方法という詳細な点についても問う傾向が見られる．

学習へのアドバイスとして，小集団活動を運営・推進する立場で注意しなければならないことは何か，把握しておくことが必要である．そのためには小集団活動に特化した書籍・雑誌などを読み，実例における問題点などを検討してみることが重要である．小集団活動を推し進める立場で，何がポイントなのかを見極めるようにするとよい．

問題 6.5.1

[第22回問15]

【問15】　小集団改善活動に関する次の文章において，[　　] 内に入るもっとも適切なものを下欄のそれぞれの選択肢からひとつ選び，その記号を解答欄にマークせよ．ただし，各選択肢を複数回用いることはない．

J社は，品質改善を組織的に実施する活動の一環として，QCサークルやクロス・ファンクショナル・チームなどによる小集団改善活動を推進している．J社は，小集団改善活動を，共通の目的とさまざまな知識・技能・見方・考え方・権限などをもつ少人数からなるチームを構成し，改善活動を行うことで，構成員の知識・技能・意欲を高めるとともに，組織の目的達成に貢献する活動ととらえ，次の事項を考慮して実施している．

① 小集団がその役割を果たすためには，高い問題意識のもとで，顕在化したまたは潜在化している [(83)] を適切に取り上げてテーマとして選定することが必要である．[(83)] は，結果や予想値が目標と一致していない状況で，その解決・達成が組織にとって重要なものを指す．

② 小集団で [(83)] に取り組むとき，[(84)] の役割が明確で集団として有機的な活動ができること，小集団の運営に必要な能力をもった [(85)] がいることが不可欠である．QCサークルでは，[(84)] の役割は，『積極的に活動に参加して役割分担を引き受け実行する』『会合に出席し積極的に発言する』『チームワーク作りに努力する』などである．また，[(85)] は，『意見・考えをまとめて活動の進め方の方向づけをする』『実施状況や進ちょく状況を確認して指導する』『管理者や他の小集団などと話し合う場を多くもって報告・連絡・相談に努める』などを行う．

③ 小集団改善活動を効果的に推進すると，[(83)] にかかわる結果と [(86)] （原因）との間の因果関係を解析し，目標を達成できるように既存の [(86)] を改良したり，新たな [(86)] を確立したりすることができる．

【[(83)] ～ [(86)] の選択肢】

ア．アウトプット	イ．リーダー	ウ．トップ
エ．プロセス決定計画図	オ．問題・課題	カ．あるべき姿
キ．プロセスアプローチ	ク．プロセス	ケ．メンバー

④ 小集団改善活動の取組みでは，物事が因果関係に大きく影響されるという科学的な見方に基づき，“結果のみを追うのでなく，結果を生み出す仕事のやり方を良くすることで望ましい結果を得る”という [(87)] の考え方が重要である．

⑤ [(87)] の考え方に沿って，小集団改善活動を具体的に進める重要な手順として [(88)] がある．すなわち，目標とそれを達成するためのやり方を定めて実施し，得られた結果が目標と一致しているかを確認して必要に応じて処置をとるという [(88)] を継続的に実施することによって，良い品質の製品・サービスを実現することができる．

⑥ 目標を現状または現状の延長線上より高い水準に設定して (83) を特定し，問題解決・課題達成を繰り返す活動である (89) を行う場合は， (88) の活動内容をさらに具体化し，観察する，仮説を立てる，仮説を検証する，一般化する（法則にまとめる），応用するという科学的アプローチをベースにした (89) の手順を活用する．

⑦ 小集団改善活動では，活動に参画する人の問題解決力を向上させ，また集団として活動できる力を身につけていくことが必要である．これによって小集団改善活動に参画する人の (90) が促進され，自主性をもって物事を考えて行動し，成果を自覚すれば喜びや達成感を感じて成長していくことができるようになる． (90) は，自分の中にある可能性を自分で認識し，開発し，発揮していくことが重要となる．

【 (87) ～ (90) の選択肢】

ア．FMEA　イ．マトリックス管理　ウ．PDCA　エ．改善
オ．目的志向　カ．プロセス重視　キ．日常管理　ク．自己実現
ケ．維持　コ．重点指向

問題 6.5.2

[第 21 回問 15]

【問 15】 次の文章において， 内に入るもっとも適切なものを下欄のそれぞれの選択肢からひとつ選び，その記号を解答欄にマークせよ．ただし，各選択肢を複数回用いることはない．

B 工場では，全員参加で小集団による改善活動を展開している．工場では，工場長・課長からなる改善推進委員会を設置し，活動全体をバックアップしている．本日この改善推進委員会で，活動推進に関する意見交換が行われた．

① テーマ名のつけ方は重要である．次のようなテーマ名があったが，適切とは言えないのではないか．

・テーマ名：『加工 1 号機の更新による不適合品率の削減』
・目標値　：「不適合品率 20%削減」

テーマ名には， (85) や達成したいレベルなどを示すのが一般的であるのでその点で基本的にはよいと思う．しかし本活動は不適合が発生している原因を追求し，明らかにすることがポイントであるため，テーマ名の中に (86) を入れると，この取組みがおろそかになることが考えられるので再考も必要だと思う．
目標値の設定を「不適合品率 20%削減」としているが，この設定根拠を明確にするとよいと思う．
目標値の設定にあたっては，不適合の現象など，不適合内容の (87) を行い，そのデータでグラフやパレート図を作成し，重要な項目からゼロにしていく取組み方をしてほしい．さらに不適合品率は変動が考えられるので，一時的に削減できたように思っても，また増加することもあるので，この点も考慮し活動に取り組んでほしい．

② 当工場では，人がかかわる組立作業が多い．テーマが見つからないという声を聞くが，組立作業にまつわる問題も多いので，それらの作業に目を向けた改善テーマを取り上げることもできるのではないか．
今の作業を見ていると，個人差が大きいように思われ，組立ミスも発生している．間違いが起こりやすい作業では，間違えそうになっても間違えない [(88)] の視点からの対策を行う必要がある．
また作業者により，時間当たりの生産出来高も相当な差がある．作業方法や作業時間の最適化のための分析手法の体系である作業 [(89)] を行ってみるのもいいのではないか．
人により作業方法や作業の結果に違いが生じるということは，作業の [(90)] が不十分であると考えられる．改善テーマの「歯止めステップ」の中で，ここを確実に行ってほしい．

③ テーマを選定するとき，上位方針に沿った課題についてテーマアップするのもひとつの方法である．これを方針管理の一環と考えると，サークルメンバーと上司との間でテーマ選定について話し合うことは，方針を展開する際に重要な [(91)] であるということができる．テーマの選定を，上司と協力して考えることもやってみてほしい．

【 [(85)] ～ [(87)] の選択肢】

ア．動詞	イ．標準	ウ．個数	エ．重点指向	オ．順位付け
カ．問題	キ．層別	ク．形容詞	ケ．対策	コ．実習

【 [(88)] ～ [(91)] の選択肢】

ア．指示	イ．フールプルーフ	ウ．点検項目	エ．すり合わせ	オ．評価
カ．情報	キ．研究	ク．環境	ケ．標準化	コ．検定

6.6　人材育成

(1)　OJT と OFF-JT

人材育成とは，企業の継続的な成長のために必要な新しい能力やスキルを身に着けるために行われる取組みのことで，育成の手段は様々である．

その手段として大きく分けると，OJT（On the Job Training）と OFF-JT（Off the Job Training）に分けることができる．

OJT は，職場そのものを教育の場として，上司や先輩が，部下や後輩に対して日常の職務遂行上必要な知識・技能を，仕事を通じて育成することをいう．OJT は仕事に密着しているため多くの企業で行われ，特に新入社員教育には大変効果的である．また，実務を通じてすぐ必要な能力を効率的にタイミングよくマスターでき，職場のムードに早く慣れる効果もある．

一方，OFF-JT は，現在の職務・職場を離れて行う企業内教育，企業外での研修・セミナーをいう．OJT だけではトレーナー（教育訓練員）の質，能力，特性によってばらつきやかたよりがあり，職務に対する視野が狭くなるなど，人材を十分に活かせない場合がある．OFF-JT と OJT との関連をもたせ，それぞれを補いながら実施することが大切である．

(2)　体系的な教育

さらに，教育は体系的に行われることが理想であり，品質に関する教育を事例に解説する．

品質に関する教育には，“QC 的モノの見方・考え方”や“QC 七つ道具”といった，部門に関係なく，ある階層の全社員に必要な教育があり，このような教育を階層別教育と呼ぶ．

一方，“実験計画法”や“多変量解析法”といった階層には関係なく，部門の担当業務の内容に応じて必要となる教育もあり，このような教育を職能別教育と呼ぶ．

それぞれ階層別教育体系図，職能別教育体系図としてまとめ，教育を行っていくこととなる．

この階層別，職能別を理解するために，会社の組織のイメージ図を図 6.6.A に示す．この図の横軸の各階層に対して全職能に行う教育が階層別教育であり，逆に縦軸の各職能に対して必要な階層に行う教育が職能別教育である．

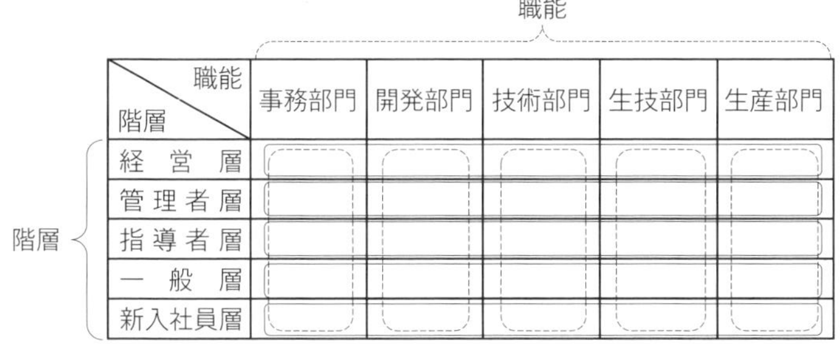

図 6.6.A　会社組織のイメージ図

引用・参考文献

1）吉澤正編(2004)：クォリティマネジメント用語辞典，p.69，p.70，日本規格協会

●出題のポイント

人材育成に関して 2 級で求められるレベルは，“知識として理解している”であり，部門に関係なく，ある階層の全社員に必要な教育である階層別教育と，階層に関係なく，部門の担当業務の内容に応じた職能別教育の違いについて理解をしておく必要がある．また，職場内で行う OJT と職場とは離れて行う OFF-JT の違いについてもしっかりと理解をしておくとよい．

問題 6.6.1

[第 22 回問 17]

【問 17】 次の文章において，[　　] 内に入るもっとも適切なものを下欄のそれぞれの選択肢からひとつ選び，その記号を解答欄にマークせよ．ただし，各選択肢を複数回用いることはない．

① 製品・サービスの品質を保証していくためには，企業で働く各人が品質意識を高揚し，着実に行動することが不可欠である．このような人材を育成するために，教育・訓練は企業にとって取り組むべき重要な課題である．企業において従業員を対象に行われる教育・訓練は，各人が組織員として [(96)] を十分に果たせるようにすることである．各人が，課せられた仕事の目的を明確にし，その目的を達成するための最良の方法を考え，実行し，目的を達成したかを自ら確認することが重要である．

② 企業でこのような人材を育成する方法には，“企業として行う教育・訓練”と“個人やグループとして取り組む学習”とがある．“企業として行う教育・訓練”には，仕事をとおして学ぶ通称 OJT といわれる [(97)] と，これを補うものとして位置づけられる通称 Off-JT といわれる [(98)] がある．“個人やグループとして取り組む学習”には，自己啓発や相互啓発などがある．

【[(96)] ～ [(98)] の選択肢】

ア．専門教育　イ．機能別教育　ウ．期待される役割　エ．理想教育
オ．やる気　カ．職場外教育　キ．躾　ク．階層別教育
ケ．統計教育　コ．職場内教育

③ “企業として行う教育・訓練”のひとつである OJT は，各人が組織の一員として機能していくために，その担当する仕事に対して求められる行動ができるように現状の不十分な行動を改善していくことである．この行動を支えるのは，“わかる，できる，その気になる”ための知識，知識を仕事に活かす腕前である [(99)] ，態度が重要である．これらを OJT の一環として上司や先輩が，部下や後輩に教えることが基本といわれる．

【[(99)] の選択肢】

ア．標準　イ．理性　ウ．技能　エ．集中力　オ．報連相

6.7　診断・監査

本節では，品質監査及びトップ診断の 2 項目について，概要を解説する．

(1)　品質監査の概要

(a)　品質監査とは

監査とは，業務が決められたとおりに行われているかを確認する行為である．組織の金銭処理に関する業務を対象にした監査が会計監査であり，品質に関する業務を対象にした監査は品質監査と呼ばれている．

ISO 9001 をはじめとするマネジメントシステム規格では，規格の要求事項に沿ったマネジメントシステムになっているか内部監査することを要求しており，マネジメントシステムの運営上，非常に重視しているプロセスである．

なお，監査[1)] と QC 監査[2)] の定義を下記に示す．

監査

監査基準が満たされている程度を判定するために，監査証拠を収集し，それを客観的に評価するための体系的で，独立し，文書化されたプロセス

QC 監査

各部門が，標準（品質管理規定など）に定められている QC 分担業務を十分遂行しているかを監査すること

(b)　監査主体による分類

監査は実施する主体により表 6.7.A のように分類される．

第一者監査は自組織が主体となって行う監査である．

第二者監査は，取引先（納入先）など他の組織によって自組織に対して行われる監査である．初めて取引を行う際に行われる場合もあれば，定期的に実施される場合もある．

第三者監査は，ISO 9001の審査登録機関など，直接の取引先でない中立の組織によって自組織に対して行われる監査である．この監査結果で基準を満たしていることが取引の要件になる場合がある．納入先からすると，この第三者監査の結果を利用することで第二者監査の手間やコストを省くことができる．

表 6.7.A 監査の区分

区 分	概 要	例
第一者監査	内部目的のために，その組織自体又は代理人によって行われる監査 1)	内部監査 トップ診断
第二者監査	その組織の利害関係者又はその代理人によって行われる監査 1)	納入先による品質監査
第三者監査	組織の外部の独立した機関による監査 1)	審査登録機関による品質マネジメントシステム審査(ISO 9001)

(2) トップ診断の概要

トップ診断とは，組織のトップが全社の品質方針が展開されているか，また実現されているか，その実践状況をトップ自らがチェックする活動のことである．組織においては社長診断と呼ばれることもある．

品質方針の内容には，会社の中の多くの部署の実務に関連しており，その方針項目の内容は，各部署の方針に織り込まれる必要がある．そして，品質方針がしっかりと会社全体で実践され成果をあげるには，組織のトップ自らがリーダーシップを発揮することが重要である．トップ診断は，品質方針の実践において最も重要な要素なのである．

トップ診断の点検する項目の例として下記が挙げられる．

① 年度目標を各部門の問題点にどうブレークダウンしたか

② どのようにQC活動計画を立案したか

③ 実施状況はどうなっているか

④ 実施した結果，どのような問題点が出てきたか

⑤ 問題点にどう対処しようとしているか

⑥　活動上の悩み

引用・参考文献

1）JIS Q 9000:2015，品質マネジメントシステム—基本及び用語
2）吉澤正編(2004)：クォリティマネジメント用語辞典，日本規格協会
3）中條武志，山田秀編著(2006)：TQM の基本，p.106，日科技連出版社
4）高須久(1997)：方針管理の進め方，p.127，日本規格協会

●出題のポイント

監査が何を行うかについて，その定義をよく押さえておきたい．

これまでの出題では，第二者監査について問われていることが多かったことから，第一者監査，第三者監査とあわせてよく理解しておくとよい．

トップ診断については，全社のプロセスの中での位置付けをしっかりと理解しておくとよい．

問題 6.7.1

[第 14 回問 14 ④]

【問 14】 品質保証活動の進め方に関する次の文章において，[ ] に入るもっとも適切なものを下欄のそれぞれの選択肢からひとつ選び，その記号を解答欄にマークせよ．ただし，各選択肢を複数回用いることはない．

④ その組織の利害関係者，またはその代理人によって行われる外部監査を第二者監査といい，組織の外部の独立した機関による外部監査を [(82)] という．

【[(81)] ～ [(83)] の選択肢】

ア．関係組織　イ．供給者　ウ．第三者監査　エ．自己監査　オ．方針管理
カ．プロジェクト管理　キ．機能別管理　ク．日常管理　ケ．TQM 活動計画

問題 6.7.2

[第 12 回問 10 ②]

【問 10】 品質管理の導入に関する次の文章において，[ ] 内に入るもっとも適切なものを下欄の選択肢からひとつ選び，その記号を解答欄にマークせよ．ただし，各選択肢を複数回用いることはない．

② 朝礼を通じて，品質管理の導入目的や重要性，作業記録表への記入手順を作業者に教育し，データ取りを開始したが，未記入の作業記録表が散見され，工場長はその都度指導を行っていた．そのような中，主要顧客 B 社による品質の [(52)] 監査が行われ，定めた手順どおりに作業記録表に記録されていない旨の不適合を指摘され，B 社から [(53)] を要求された．

【選択肢】

ア．予防処置　イ．合格率　ウ．直行率　エ．第二者　オ．第三者
カ．管理図　キ．パレート図　ク．是正処置　ケ．作業手順書　コ．仕様書

6.8　品質マネジメントシステム

(1)　品質マネジメントの原則

JIS Q 9000:2015（ISO 9000:2015）では，七つの品質マネジメントの原則について説明されており，その根拠，主な便益，とり得る行動について示されている．また，JIS Q 9001:2015（ISO 9001:2015）の序文では，“この規格は，JIS Q 9000 に規定されている品質マネジメントの原則に基づいている”と記述しており，品質マネジメントシステムの基本となる原則であることがわかる．品質マネジメントの原則とその説明を表 6.8.A に示す．

表 6.8.A　品質マネジメントの原則

原　則	説　明
顧客重視	品質マネジメントの主眼は，顧客の要求事項を満たすこと及び顧客の期待を超える努力をすることにある．
リーダーシップ	全ての階層のリーダーは，目的及び目指す方向を一致させ，人々が組織の品質目標の達成に積極的に参加している状況を作り出す．
人々の積極的参加	組織内の全ての階層にいる，力量があり，権限を与えられ，積極的に参加する人々が，価値を創造し提供する組織の実現能力を強化するために必須である．
プロセスアプローチ	活動を，首尾一貫したシステムとして機能する相互に関連するプロセスであると理解し，マネジメントすることによって，矛盾のない予測可能な結果が，より効果的かつ効率的に達成できる．
改善	成功する組織は，改善に対して，継続して焦点を当てている．
客観的事実に基づく意思決定	データ及び情報の分析及び評価に基づく意思決定によって，望む結果が得られる可能性が高まる．
関係性管理	持続的成功のために，組織は，例えば提供者のような，密接に関連する利害関係者との関係をマネジメントする．

(2) ISO 9001

ISO 9001とは，国際標準化機構が発行している品質マネジメントシステムの国際規格であり，日本では，ISO 9001を基に，技術的内容及び構成を変更することなく作成したJIS Q 9001が発行されている．いずれも2015年に改訂されており，ISO 9001:2015，JIS Q 9001:2015と表記する．ISO 9001の表題は，“品質マネジメントシステム—要求事項”となっており，品質マネジメントシステムに関する基本的な要件を規定している．したがって，品質マネジメントシステムを構築する際は，ISO 9001を考慮に入れることが大切である．

(3) 第三者認証制度

ISO 9001を満たしていることを利害関係のない第三者に証明してもらうことができる制度があり，これを第三者認証制度という．認証制度の概要を図6.8.Aに示す．この認証制度は，海外との相互承認が進められている．

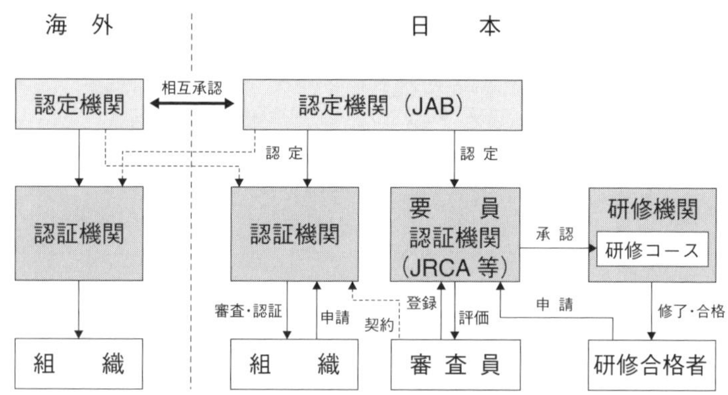

図 6.8.A 第三者認証制度の概要

出所 『[2015年改訂対応] やさしいISO 9001（JIS Q 9001）品質マネジメントシステム入門［改訂版］』図5.3（小林久貴著）

(4)　品質マネジメントシステムの運用

品質マネジメントシステムは，構築して終わりではない．さらなる顧客満足の向上を目指して，PDCA を回して，継続的に改善していくことが求められている．

●出題のポイント

品質マネジメントシステムの出題範囲は，“品質マネジメントの原則”，“ISO 9001”，“第三者認証制度”については，その定義と基本的な考え方を，“品質マネジメントシステムの運用”については，言葉として理解することとなっている．

“品質マネジメントの原則”に関しては，それぞれの原則の説明のみならず，具体的な内容やメリット（便益）についても押さえておくとよい．

“ISO 9001”及び“品質マネジメントシステムの運用”に関しては，要求事項の詳細までは理解する必要はないが，品質マネジメントシステムの概要について理解しておくことが必要である．実際に，運用している自社の品質マネジメントシステムを理解することで，十分対応可能である．

“第三者認証制度”については，最低限，概要解説の内容を理解することが必要である．

問題 6.8.1

［第 24 回問 14］

【問 14】 JIS Q 9000：2015／ISO 9000：2015（品質マネジメントシステム－基本及び用語）で示される品質マネジメントのそれぞれの原則により得られる便益および適用する際にとるべき行動を示す次の文章に関係する原則について，□内に入るもっとも適切なものを下欄の選択肢からひとつ選び，その記号を解答欄にマークせよ．ただし，各選択肢を複数回用いることはない．

① データおよび情報の分析および評価に基づく意思決定によって，望む結果が得られる可能性が高まる． (85)

② 活動を，首尾一貫したシステムとして機能する相互に関連するプロセスであると理解し，マネジメントすることによって，矛盾のない予測可能な結果が，より効果的かつ効率的に達成できる． (86)

③ すべての階層のリーダーは，目的および目指す方向を一致させ，人々が組織の品質目標の達成に積極的に参加している状況を作り出す． (87)

④ 品質マネジメントの主眼は，顧客の要求事項を満たすことおよび顧客の期待を超える努力をすることにある． (88)

⑤ 組織内のすべての階層にいる，力量があり，権限を与えられ，積極的に参加する人々が，価値を創造し提供する組織の実現能力を強化するために必須である． (89)

【選択肢】

ア．品質重視　イ．リーダーシップ　ウ．改善
エ．コンプライアンス　オ．人々の積極的参加　カ．客観的事実に基づく意思決定
キ．プロセスアプローチ　ク．関係性管理　ケ．顧客重視
コ．リスクおよび機会

問題 6.8.2

[第25回問13]

【問13】 次の文章において，[ ]内に入るもっとも適切なものを下欄のそれぞれの選択肢からひとつ選び，その記号を解答欄にマークせよ．ただし，各選択肢を複数回用いることはない．

① 社内に構築された品質マネジメントシステムに対し，品質マネジメントシステムが有効に機能しているかを評価することが重要である．この評価の一つにマネジメントレビューがある．
ISO 9001:2015ではマネジメントレビューについて，「トップマネジメントは，組織の品質マネジメントシステムが，引き続き，適切，妥当かつ有効で更に組織の戦略的な方向性と一致していることを確実にするために，あらかじめ定めた間隔で，品質マネジメントシステムをレビューしなければならない」と規定している．このレビューのために提供される情報は，

a) 前回までのマネジメントレビューの結果とった処置の状況
b) 品質マネジメントシステムに関連する外部及び内部の課題の変化
c) 品質マネジメントシステムの[(83)]及び有効性に関する情報
d) 資源の妥当性
e) [(84)]及び機会への取組みの有効性
f) 改善の機会

などである．なお，ISO 9000:2015では，[(83)]は「測定可能な結果」，[(84)]は「不確かさの影響」と定義されている．

② さらに，ISO 9001:2015は，「組織は，あらかじめ定めた間隔で内部監査を実施しなければならない」と規定している．内部監査は，品質マネジメントシステムに関して組織自体が規定した要求事項およびISO 9001:2015の要求事項に適合しているか否か，並びに品質マネジメントシステムが有効に実施され維持されているか否かの情報を組織に提供することが目的である．そして，内部監査は，当該組織の構成員または代理人が監査員となる．この監査は，[(85)]監査ともいわれる．

【[(83)]～[(85)]の選択肢】

ア．依頼者　イ．実現状況　ウ．リスク　エ．製品の合理性
オ．第一者　カ．期待　キ．パフォーマンス　ク．第三者
ケ．第二者

③ 監査は，基準に照らして適合しているか[(86)]することである．すなわち，監査とは，「監査基準が満たされている程度を[(86)]するために，[(87)]的証拠を収集し，それを[(87)]的に評価するための，体系的で，独立し，文書化したプロセス」のことをいう．

【[(86)][(87)]の選択肢】

ア．恣意　イ．追求　ウ．選定　エ．判定　オ．解析
カ．経験　キ．客観　ク．自己宣言　ケ．主観　コ．計量

問題 6.8.3

[第 26 回問 16]

【問 16】 JIS Q 9001:2015 に関する次の文章で正しいものには○，正しくないものには×を選び，解答欄にマークせよ．

① JIS Q 9001 の基本的な考え方のひとつに，プロセスアプローチがある．これは，プロセスを適切に設定し，運営管理することによって，組織が意図した結果がより効果的，効率的に達成されるという考え方である． (94)

② リスクに基づく考え方は，プロセスアプローチを採用している JIS Q 9001 には採用されていない． (95)

③ 組織の品質マネジメントシステムは, JIS Q 9001 の要求事項を満たすだけでなく品質保証と顧客満足の向上を目指して，これ以上あるいはこれ以外の内容も必要に応じて構築することができる． (96)

④ 品質マネジメントシステムにおいて明確にされたリスクは，回避することだけが要求されている． (97)

問題 6.8.4

[第 27 回問 17]

【問 17】 JIS Q 9000 : 2015（品質マネジメントシステム—基本及び用語）に関する次の文章において，［　　］内に入るもっとも適切なものを下欄の選択肢からひとつ選び，その記号を解答欄にマークせよ．ただし，各選択肢を複数回用いることはない．

① 品質に関する，方針および目標，並びにその目標を達成するためのプロセスを確立するための，相互に関連するまたは相互に作用する，組織の一連の要素の一部が品質マネジメントシステムである．また，組織の品質マネジメントシステムについての仕様書が［(96)］である．

② 個別の対象に対して，どの手順およびどの関連する資源を，いつ誰によって適用するかについての仕様書が［(97)］である．

③ 活動またはプロセスを実行するために規定された方法が［(98)］である．達成した結果を記述した，または実施した活動の証拠を提供する文書が［(99)］である．通常，［(99)］の改訂管理を行う必要はない．

【選択肢】

ア．指針　イ．品質マニュアル　ウ．品質計画書　エ．品質保証書
オ．製品規格　カ．手順　キ．品質仕様書　ク．記録
ケ．レビュー

2 級

第 7 章

倫理／社会的責任

7. 倫理／社会的責任

(1) 品質管理に携わる人の倫理

一般社団法人日本品質管理学会では，“日本品質管理学会会員倫理的行動のための指針”を定めている．その本文には，以下の内容が記載されている．品質管理に携わる人の倫理を学習するにあたり，参考となる指針である．

(ア) 会員は，専門家としての行為を適法，倫理的かつ誠実なものとすることを通じ，品質管理専門職の社会的意義，評価を高めるように努力する．

(イ) 会員は，公共の安全・福祉増進に寄与できる機会には，優先的に自身の専門性と技量を発揮する．

(ウ) 会員は，専門職として職務に誠実に取り組み，社会に対して欺瞞的・背信的行為を行わない．このため自らの職務における専門的判断や専門職としての行動が，多様な利害関係の相克によって偏りが生じる事態の予防に心掛ける．

(エ) 会員は，自身の行為に対する責任を受入れ，他人の貢献を正当に評価する．

(オ) 会員の専門家として責任を持つ行動・職務・発言は，原則として自身の専門領域に限定する．

(カ) 会員が，専門家としての主張，推論を公表する際には，第三者が検証可能な情報に基づいて，客観的かつ真実に即した方法で行う．

昨今，品質データの改ざんや無資格者による検査など，いわゆる品質コンプライアンス違反が続出している．品質コンプライアンス違反の多くは，個人が利益を得るといった不正とは異なり，上司のため，部署のため，会社のため，場合によっては自分を犠牲にしてまで，他者の利益のために行っていることが特徴となっている．したがって，品質コンプライアンス違反を防止するためには，品質管理に携わる人だけでなく，経営者，管理層を含むすべての従業者が倫理観をもって業務を遂行することが求められている．

(2)　社会的責任

ISO から社会的責任の国際規格として，ISO 26000 が発行されている．日本では，対応する JIS（日本産業規格）として，JIS Z 26000（社会的責任に関する手引き）が発行されている．この規格では，組織の社会的責任について，次のように定義している．

社会的責任

組織の決定及び活動が社会及び環境に及ぼす影響に対して，次のような透明かつ倫理的な行動を通じて組織が担う責任．

—健康及び社会の福祉を含む持続可能な発展に貢献する．

—ステークホルダーの期待に配慮する．

—関連法令を順守し，国際行動規範と整合している．

—その組織全体に統合され，その組織の関係の中で実践される．

また，ISO 26000 では，七つの社会的責任の原則が示されている．表 7.A に七つの社会的責任の原則を示す．

表 7.A　社会的責任の原則

原　則	説　明
説明責任	社会，経済，環境に対し重大な責任を負う．
透明性	隠し立てすることなく，情報を公開する．
倫理的な行動	倫理的に行動すべきである．
ステークホルダーの利害の尊重	組織の利害関係者の利害を尊重する．
法の支配の尊重	法の支配を尊重することが義務である．
国際行動規範の尊重	法の支配とともに国際行動規範を尊重する．
人権の尊重	人権の重要性，普遍性を認識する．

●出題のポイント

倫理・社会的責任の出題範囲は，“品質管理に携わる人の倫理”，“社会的責任”について，言葉として理解することとなっている．

“品質管理に携わる人の倫理”に関しては，解説にも示した“日本品質管理学会会員の倫理的行動のための指針”をよく理解しておくとよい．実際に品質管理に携わる人にとっても，守るべき指針であり，頭で理解するだけでなく，行動を通じて，実践することが望まれている．

“社会的責任”については，ISO 26000 の内容を押さえておくとよいであろう．解説にも示した七つの社会的責任の原則に加えて，中核主題といわれる組織統治，人権，労働慣行，環境，公正な事業慣行，消費者課題，コミュニティへの参画及びコミュニティの発展についても言葉として覚えておきたい．

“品質管理に携わる人の倫理”，“社会的責任”のいずれも，言葉として理解することが求められているので，ISO 26000 の詳細まで暗記する必要はないが，読んで理解できるようにはしたい．

問題 7.1

[第 22 回問 16]

【問 16】　社会的責任（以下 SR と略す）に関する次の文章において，[　　] 内に入るもっとも適切なものを下欄の選択肢からひとつ選び，その記号を解答欄にマークせよ．ただし，各選択肢を複数回用いることはない．

① 企業の経済的活動には [(91)] に対して説明責任があり、それが不十分だと社会から容認されない．また対象が企業にとどまらないという観点から，2010 年に ISO [(92)] が策定された．

② SR においては，コーポレートガバナンス（企業統治）およびコンプライアンス（法令遵(順)守）を実施して [(93)] を行う活動と，未来への持続可能な社会活動の側面から [(94)] や労働問題に取り組む活動の 2 つの側面をもつ．

③ SR 活動に対する評価は，その結果が売上高や [(95)] に反映される場合があるので常に監視・測定して改善する姿勢が必要である．

【選択肢】

ア．22000　　イ．株価　　ウ．26000　　エ．利害関係者　　オ．27001
カ．リスクマネジメント　　キ．予防保全　　ク．環境問題　　ケ．慈善活動

問題 7.2

[第 24 回問 16]

【問 16】　企業・組織の社会的責任に関する次の文章で正しいものには○，正しくないものには×を選び，解答欄にマークせよ．

① 近江商人の言い伝えとして「三方よし」というものがあるが，現代の企業・組織でも顧客満足，従業員満足，社会の満足の三方のバランスに配慮する必要がある．[(95)]

② 松下幸之助は「企業は社会の公器である」と語ったといわれるが，社会に必要とされる企業を目指すためにも，社会に必要とされるモノ・サービスの提供に誠実に取り組まなければならない．[(96)]

③ 企業は，SR レポートなどを通じて社会的責任に関する事項について開示することが求められている．自社ホームページやパンフレットなどには SR 活動のためのページを用意し，その活動成果をアピールすることで企業イメージを良くできれば，社会的責任は果たせたといえる．[(97)]

解説編

2 級

第 1 章

品質管理の基本
（QC 的なものの見方／考え方）

解説

1. 品質管理の基本

解説 1.1

[第16回問8]

この問題は，品質管理の基本的な考え方について問うものである．品質管理に関する用語を理解しているかどうかが，ポイントである．

解答

49 イ　50 オ　51 ア　52 エ　53 イ
54 ア　55 エ

49 ～ 52 企業がお客様によい品質の製品やサービスを提供するためには，お客様がどのような製品やサービスを望んでいるかを把握しておかなければならない．このようなお客様の要望のことをニーズ 49 という．また，お客様のニーズに基づき，よい品質の製品を提供するためには，購入するタイミングや使用するタイミングにかかわらず，同じ品質 50 でなければならない．もちろん，サービスを受けるタイミングも同様である．このことから，いつでも一定の品質の製品やサービスが提供できるような仕組みが必要となる．このように同じ品質を作り込む活動のことを品質管理活動 51 という．品質が安定するよう，材料メーカーの選定から材料の仕入れ 52，工程の作り込み（生産準備），製品の生産・検査，納入（配達）といったそれぞれのプロセスで行われる活動が，ねらいの品質達成のための品質管理活動である．

したがって，49 はイ，50 はオ，51 はア，52 はエがそれぞれ解答となる．

53 お客様のニーズをしっかり把握していないとお客様に満足してもらえる製品やサービスを提供できない．お客様のニーズを把握するために行うのが市場調査 53 である．市場調査でお客様のニーズを把握し，どのような製品やサービスにするのかを決める商品企画・設計などの仕事は重要であり，このような活動をねらいの品質設定のための品質管理活動という．

したがって，イが解答となる．

54，55　お客様によい品質の製品やサービスを提供するには，品質に関係するすべての組織がそれぞれの仕事をしっかりやり切る必要がある．そのためには，計画（Plan）を立て，計画どおりに実施（Do）し，仕事の結果を確認（Check）して，次につなげる（Act）というサイクルを回すことが大切である．この一連の流れをそれぞれの頭文字をとってPDCAサイクル 54 という．また，すべての組織が全員参加で行う品質管理活動を全社的品質管理活動 55 という．

したがって，54 はア，55 はエがそれぞれ解答となる．

解説 1.2

［第27回問9］

この問題は，品質管理の基本的な考え方に関する知識を問うものである．QC的ものの見方・考え方における顧客重視の考え方を理解しているかどうかが，ポイントである．

解答

49	ケ	50	オ	51	ク	52	ア	53	エ
54	オ	55	イ						

① 49，50　市場が物不足の時代には，消費者は品物が手に入るだけで満足を得られるため，生産者側は，消費者の立場やユーザーニーズなどを考慮せず，商品を市場に出して販売していた．このような考え方・行動を**プロダクトアウト**という．

逆に，物があり余る時代になると，消費者はよい品質の品物を選択できることになり，消費者の好みに合わない商品は買ってくれないことになる．したがって，生産者側が，お客様の要求するものは何か，お客様が喜んで買ってくれるものは何かを探求し，企画，設計，製造，販売するようになった．このような考え方・行動を**マーケットイン**という．よって，49 はケ，50 はオがそれぞれ正解である．

② 51 〜 53 　品質管理の基本的な考え方において，顧客優先の品質を実現するためには，経営者・管理者から現場第一線の従業員まで全部門全従業員の参加による品質管理の推進が必要である．これを，**全社的品質管理**（CWQC：Company-wide Quality Control）又は，**総合的品質管理**（TQC：Total Quality Control）という．このような日本の品質管理は，ISO 9001 シリーズの制定・普及に伴い，国際的な流れに合わせて総合的な経営管理手法として展開され，TQC から**総合的品質マネジメント**（TQM：Total Quality Management）に変わった．この TQM の内容は，日本の企業では，顧客志向と品質優先の考え方，継続的な改善，全員参加，プロセス重視などを原則としている．よって，51 はク，52 はア，53 はエがそれぞれ正解である．

③ 54 ，55 　顧客優先の考え方は，品質管理の基本的な考え方の一つであるが，市場における顧客と同様な意味で企業内においては，**後工程はお客様**という考え方がある．つまり，工程のプロセスで考えると，自工程での仕事の良し悪しは，次工程である後工程の評価につながることになり，その評価指標は，**満足度**という形で測ることができるため，後工程をお客様として考えて仕事をするということである．よって，54 はオ，55 はイがそれぞれ正解である．

解説 1.3

［第 28 回問 9］

この問題は，戦後日本の品質管理活動の歴史的経緯を問うものである．現代の日本の品質管理の基礎づくりに多大な影響及び貢献をした代表的な人物，とりわけ，シューハート博士，デミング博士，ジュラン博士の 3 人の功績を知っているかどうかが，ポイントである．

解答

49	ク	50	エ	51	ウ	52	カ	53	キ
54	ウ	55	ケ						

① 49, 50　まず，シューハート博士の業績についての設問である．文章から 49 は考え方の用語，50 は具体的な手法名（ツール）であることがわかる．選択肢の8項目を概観すると，考え方と思われる用語は“製造品質”と“統計的管理状態”の二つである．問題文中に“～，この状態を管理されている”と記述されているので，**統計的管理状態**がふさわしい．よって，49 の正解はクである．

50 は文意から“時系列的な変化やその予測”が読み取れることや“工程管理の代表的ツール”という記述から**管理図**ではないかと推量できる．“管理図”以外の手法名，例えば，“符号検定”や“工程能力図”などを当てはめても，文意がそぐわない．よって，50 の正解はエである．

② 51, 52　二つ目は，デミング博士の業績についての設問である．文章から“円”が生産活動の4ステップ（設計，生産，販売，調査・サービス）を表していることがわかる，51 はこの“円”について，意図している内容を問うている．デミング博士は“品質を重視する観念（quality consciousness）”と“品質に対する責任感（quality responsibility）”の重要性を説いている[4)]．文中には“品質を重視する概念”が記述されていることから，“マネジメント”と“責任感”が正解候補となるが，“品質を重視”と相応するような**責任感**を選べるだろう．この円は，提唱者の名前を引用して，**デミングサイクル**（デミングサークルとも）と呼ばれる．よって，51 はウ，52 はカが正解である．

なお，このデミングサイクルは，その後PDCAへと一般化されて，今日に至っている．PDCAサイクルは別名“管理のサイクル”と呼ばれるので選択肢の先頭にあるアの“マネジメント”は紛らわしい．注意したい．

③ 53～55　最後は，ジュラン博士の業績についての設問である．53

は文中の“生産者側の制約条件を重視”から選択肢の**生産中心型**を選ぶ．同様に 54 は“消費者の要求を第一”から選択肢の**市場中心型**を選ぶことができる．よって， 53 はキ， 54 はウが正解である．

55 は文章の流れから“現在の品質管理活動の起点”の意味であることが推量できる．選択肢から，同義語を探すと TQM がある． 55 の正解はケである．

なお，選択肢の“TCO（Total Cost of Ownership）”とは，情報産業分野で使われることが多く，総所有コストと訳されている，コンピュータやソフトウェアの導入設置から維持運用，廃却に至るすべてにかかるコストを意味する．TCO はライフサイクルコストとほぼ同義である．

2 級

第 2 章

品質の概念

解説

2. 品質の概念

解説 2.1

[第9回問12]

品質の概念を説明する文章による，品質のさまざまな分類，とらえ方の違いによる品質の種類などを問うものである．品質についてのさまざまな用語とその意味についてきちんと把握しているかどうかが，ポイントである．

解答

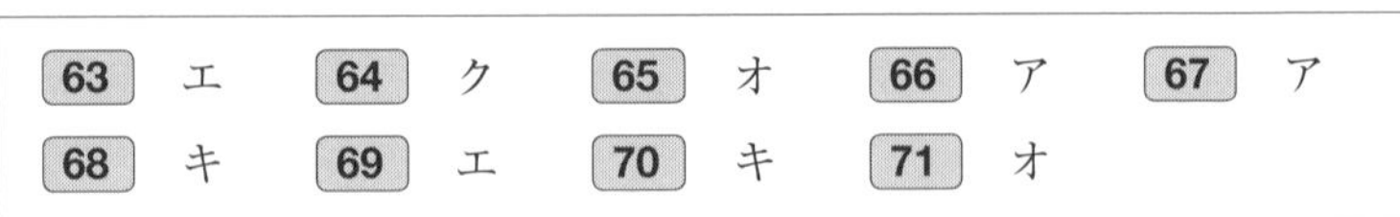

63	エ	64	ク	65	オ	66	ア	67	ア
68	キ	69	エ	70	キ	71	オ		

63, 64　“品質論において”という設問であるが，品質の意味について最初に言及したのがシューハート（W.A. Shewhart）である．彼は品質には‘客観的物理的性質’の側面と，‘客観的実在の結果として考え，感じ，かつ分別するものに関連している’ものという‘主観的側面’の二側面が存在する[2)]としている．この考え方から判断すると，63はエ，64はクが正解である．

65～69　“品質”をいろいろな視点で分類するときによく使用される言葉に，設計品質65と製造品質66とがある．設計品質とは製造の目標としてねらった品質のことであり，“ねらいの品質67”ともいう[3)]．一方，製造品質とは設計品質をねらって製造した製品の実際の品質のことで“できばえの品質69”ともいう[3)]．この製造品質の基となる設計品質は，一般的には設計仕様とも呼ばれるものであり，顧客の要求68に合致していなければならない．よって65はオ，66はア，67はア，69はエが正解である．また，68はキがあてはまる．

70　品質管理における不具合対策の基本的な考え方として，原因に対して対策することが重要としている．この設問のように製造品質の問題も，一時的な処置ではなく，恒久的な対策を施す場合には，原因を源流70にさかのぼって考えることが必要になる場合が多い．このことから，正解はキである．

71　製品の開発過程における企画段階で設定される品質を“企画品質” 71 と呼ぶ．これは“要求品質に対する品質目標”[5)]（JIS Q 9025）と定義され，設計品質の設定の仕方について考えるにあたって，設計品質を顧客の要求する品質（要求品質）にいかに合致させるかを考えるうえで使用される用語である．このことは品質管理活動における重要なステップである．このことから，正解はオである．

解説 2.2

［第 18 回問 12］

この問題は，品質の概念について問うものである．各品質要素の定義及びつながりを理解しているかどうかが，ポイントである．

解答

69	エ	70	カ	71	オ	72	ウ	73	イ
74	エ	75	ウ						

品質の概念を二元的な認識方法で表した図（狩野モデル）を**解説図 18.12-1** に示し，同図に基づきそれぞれの概念を解説する．

同図に示す，それぞれの品質の概念は以下のとおりである．

- 魅力的品質（図内の一点鎖線部分）は，物理的充足状況が充足されていれば満足となり，充足していなくても仕方ないと受け入れられる．
- 一元的品質（図内の実線部分）は，物理的充足状況が充足されていれば満足となり，充足していなければ不満足となる．
- 当たり前品質（図内の破線部分）は，物理的充足状況が充足されていても満足とも不満足ともならないが，充足していなければ不満となる．

この内容を踏まえて，各設問をみていく．

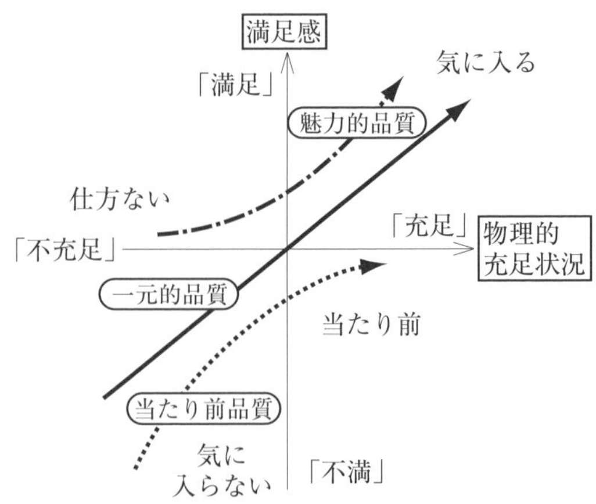

解説図 18.12-1 物理的充足状況と使用者の満足感との対応関係概念図 [15)]

出所 狩野紀昭ほか『魅力的品質と当たり前品質』(品質, Vol.14, No.2, pp.39–48)

① **69** 上記より魅力的品質が該当するので，エが正解である.

② **70**, **71** 企業が成長・発展をしていくためには，顧客ニーズを実現した新製品開発などの事業拡大を図らなくてはならない．顧客ニーズには既に表面上に現れている顕在的ニーズと，表面上には現れていないが顧客の内面に存在する潜在的ニーズがある．企業はこの潜在的ニーズを素早く，かつ正確に発掘し，新たな価値や品質を創造することで顧客に感動を与え，成長・発展を図っていく必要がある．以上より，70 はカ，71 はオがそれぞれ正解である.

③ **72**, **73** 顧客の潜在的ニーズに基づく品質を創造することは，市場で起きた問題を解決するような“悪さ”を追及する活動ではなく，ありたい品質に近づくために“よさ”を追求する活動である．これはQCストーリーでいえば，課題達成型QCストーリーである．課題達成型QCストーリーは，課題を達成するために攻め所を明確にし，具体的なアイデア，成功シナリオの追求・実施を行い，課題を達成していくものである（課題達成型QCストーリーの手順については，p.54の**ポイント解説**を参照）．以上より，72 はウ，73 はイがそれぞれ正解である.

④　74, 75　74の品質は，物理的充足状況が充足されていないと不満足となり，充足されていると満足となるので，**解説図 18.12-1** の一元的品質がこれに該当する．よって，74はエが正解である．この一元的品質は時間の経過とともに物理的充足状況が充足されていても満足とはならず，また充足されていなければ不満足となる品質に変わってしまう．この品質は**解説図 18.12-1** の当たり前品質に該当する．よって，75はウが正解である．

解説 2.3

［第8回問12］

この問題は，品質要素に対するそれぞれの定義と実際の状況例を問うものである．品質要素の定義を理解しているだけでなく，どの状況がどの品質要素に該当するのかを深く理解しているかが，ポイントである．

解答

57	ア	58	ウ	59	オ	60	エ	61	イ
62	ウ	63	エ	64	イ	65	ア	66	オ

57, 62　魅力的品質要素とは，それが充足されれば満足を与えるが，不充足であっても仕方がないと受けとられる品質要素のことをいう．状況例としては，ホテル宿泊において，朝食時間は通常何時からと決められている．したがって，翌朝のチェックアウトが朝食時間より早い場合は，朝食がとれなくても仕方がないと考える．しかし，早めに準備してもらえるとなると，これはありがたいことであり，十分な満足が得られる．よって，魅力的品質要素の定義57は，アが正解，状況例62は，ウが正解である．

58, 63　一元的品質要素とは，それが充足されれば満足，不充足であれば不満を引き起こす品質要素のことをいう．状況例としては，ホテル宿泊において，ベッドの大きさが十分であれば，手足を伸ばしてゆっくり眠ることができるので，満足が得られる．しかし，ベッドが小さいと窮屈でゆっくり眠ることができないので不満となる．よって，一元的品質要素の定義58

は，ウが正解，状況例 63 は，エが正解である．

59，**64**　当たり前品質要素とは，それが充足されても満足も与えず不満も引き起こさないが，不充足であれば不満を引き起こす品質要素のことをいう．状況例としては，ホテル宿泊において，宿泊者は，エアコンが使えて自分にとって快適な室内温度にできることは当たり前と考えている．したがって，エアコンが適切に機能していても，当たり前のことで満足が得られるわけではない．しかし，エアコンが壊れていて，適切な温度調整ができない場合は，不満を引き起こすことになる．よって，当たり前品質要素の定義 59 は，オが正解，状況例 64 は，イが正解である．

60，**65**　無関心品質要素とは，充足でも不充足でも，満足も与えず不満も引き起こさない品質要素のことをいう．状況例としては，ホテル宿泊において，興味や関心がある人にとっては，テレビの有料プログラムがあれば，満足するのであるが，興味も関心もない人にとっては，あってもなくてもどちらでもよく，満足にも不満にもならない．よって，無関心品質要素の定義 60 は，エが正解，状況例 65 は，アが正解である．

一般的に，新たな品質要素に対する評価は，無関心品質から魅力的品質，一元的品質を経て，当たり前品質に推移する．常に顧客の求める品質レベルは高くなっていき，評価も厳しくなっていく．したがって，製品・サービスを提供する組織は，魅力的品質をたゆみなく創造していくことが重要である．

61，**66**　逆品質要素とは，充足されているのに不満を引き起こしたり，不充足であるのに満足を与えたりする品質要素のことをいう．状況例としては，ホテル宿泊において，ホテル側がよかれと思って芳香剤などを置いていることがあるが，匂いには好みもあり，必ずしもよい匂いであると感じるとは限らない．ましてや嫌いな匂いであれば，ホテル側の意図と反して不満を与えてしまう．よって，逆品質要素の定義 61 は，イが正解，状況例 66 は，アが正解である．

解説 2.4

[第12回問14]

この問題は，品質の概念に関するものである．品質の概念にはさまざまなものがあり，またその試験方法も多くの種類があるので，注意が必要である．

解答

71	ウ	72	エ	73	イ	74	カ	75	ケ

① 71 “10年間メンテナンスフリー”は，顧客が物理的に充足されるとよいと感じることをねらって企画した品質であるので，一元的品質か，あるいは，魅力的品質である．なお，一元的品質と魅力的品質の違いは，その品質要素が不充足の場合に不満足と感じるのが一元的品質で，仕方がないと感じるのが魅力的品質である．選択肢に一元的品質は見当たらないので正解はウの魅力的品質である．

② 72 企画段階において顧客のニーズに応えるために決められた品質は，設計以降のプロセスにおいて製品として具現化することを目指す品質であるので，ねらいの品質 72 又は設計品質と呼ばれる．よって，正解はエである．

③ 73 ねらいの品質を実現するように製造されることが理想であるが，実際に製造された製品の性能は必ずしもねらいどおりのものとはならない．実現された製品がもつ性能をできばえの品質 73 又は製造品質と呼ぶ．よって，正解はイである．

④ 74，75 短時間の試験で“10年間メンテナンスフリー”の性能を確保するためには，実際の条件を超える過酷な条件での試験が必要となる．このような試験は，性能の劣化を無理やり早めることになるので加速試験 74 と呼ばれる．よって，正解はカである．

また，破壊試験が必要になるなど，何らかの理由で本来の特性が試験できない場合は，当該の特性と強い相関をもつ別の特性を採用する場合がある．この場合の別の特性は，代用特性 75 と呼ばれる．よって正解はケである．

2 級

第 3 章

管理の方法

解説

3.1　維持と改善，PDCA・SDCA，継続的改善，問題と課題

解説 3.1.1

[第 19 回問 9]

この問題は，品質に関する管理と改善において，基本となる考え方や進め方について問うものである．戦後の日本製品の品質向上は，実際の現場での取組みやさまざまな工夫が大きく寄与しているといえる．本問においては，こうした取組みの基本となる考え方に関する用語を正確に理解しているかどうかが，ポイントである．

解答

56	ウ	57	ケ	58	エ	59	キ	60	ケ
61	イ	62	ア	63	ク	64	オ		

① 56 現場での品質管理において，作業者の勘や経験だけに頼るのではなく，客観的な事実を示すデータを重視する考え方は，“事実に基づく管理”といい，この考え方はファクトコントロールとも呼ばれる．よって，ウが正解である．

② 57, 58 問題解決において，現場・現物・現実の三つの要素の重要性を示す用語として広く用いられているのは“三現主義”である．現場で現物を見ながら現実的に検討することは，物事の本質をとらえる際に確認すべき最も重要な事柄であるとされている．よって，57 はケが正解である．

また，この現場・現物・現実に原理・原則を加えたものを，5 ゲン主義と呼ぶ場合もある．よって，58 はエが正解である．

③ 59 現場において異常が発生した場合，まずは手直しなどの適切な応急処置を素早く実施した後に，同様の異常が再度発生しないよう，その発生原因を徹底的に究明し，真の原因を把握することが重要である．よって，キが正解である．

④ 60 改善活動の結果としての品質向上という成果を，後戻りがないよ

うしっかりと維持するためには，作業手順の変更や設計変更を織り込んだ標準化が重要であり，関係する標準類を適時・適切な形で継続的にメンテナンスすることが求められる．よって，ケが正解である．

⑤　61，62　標準をもとに品質を維持していく活動における管理のサイクルはSDCAと呼ばれ，SはStandardize，DはDo，CはCheck，AはActの頭文字である．SDCAの考え方の特徴は，最初に標準化（S）をしっかりと行うことである．

一般に現場での品質管理に重要なのは，さまざまな作業のばらつきが小さいことである．作業のばらつきを小さくするためには，例えば作業者が異なっても同様の作業ができるような標準化が重要であり，こうした意味でSDCAの重要性は広く知られている．よって，61はイが正解である．

既に確立した方法を維持しながら管理を行うSDCAに対し，改善等によって現在の品質をより向上させる活動における管理のサイクルは，PDCAと呼ばれ，PはPlan，DはDo，CはCheck，AはActの頭文字である．PDCAの考え方の特徴は，計画的に品質向上に取り組むために，最初に目指す目標とその目標を達成するための活動の計画（Plan）を明確に設けることである．よって，62はアが正解である．

⑥　63，64　現場での管理・改善活動の最も基本となる事柄とされる，整理，整頓，清掃，清潔，躾（しつけ）を表す用語として広く使われているのは，各語のローマ字表記の頭文字による“5S”である．よって，63はクが正解である．

現場で5Sがしっかりと行われていると，工程や製品の正常と異常の違いをしっかりと見分けることができるなど，“いつもの（正常な）状態と違う”事態に対して現場の目や配慮が行き届きやすくなり，課題となる事項をよりはっきりと認識できる環境づくりにつながる．よって，64はオが正解である．

解説 3.1.2

［第21回問10］

この問題は，日常管理と改善活動について，その知識を問うものである．日常管理を実践するにあたり，認識しておくべきことや改善の考え方を理解しているかどうかが，ポイントである．

解答

52	エ	53	イ	54	コ	55	ク	56	オ
57	ク	58	ウ	59	カ				

① 52　問題文の冒頭で示されているように，J社では改善活動の効果が顕著に表れていたにもかかわらず，日時の経過とともに当初の水準に戻ってしまっている状態にある．せっかくの改善成果が日時の経過とともに元の水準に戻ってしまうことには必ず原因が存在することから，その原因を追究して効果的な再発防止策を打つことが求められる．そこで，J社ではまず管理の考え方の整理をすることとなったものと考えられる．管理とは，会社の目的，つまり経営目的を満たすための活動にほかならない．ヒト，モノ，カネ，情報といった資源を適切な形で割り当て，運用し，計画的に目的を達成するための活動を行うのである．よって，エが正解である．

② 53　管理には二つの意味合いがある．一つは狭義の管理で維持向上する意味合い，もう一つは広義の管理で，維持向上に加えて，改善，革新の意味合いを含んだものである．日常の地道な努力によって活動を維持していくことと，少しずつ，よりよくしていくことによって向上ができる．しかし，世の中の動きはとても速く，顧客の要求も常に高まっている．それに対応するためには維持向上だけでなく，あるべき姿に到達するための改善や飛躍的に変化する革新が求められる．これこそがマネジメントである．JIS Q 9000:2015 では，マネジメントを“組織を指揮し，管理するための調整された活動”[1)]と定義している．よって，イが正解である．

③ 54～56　前問の解説でも述べたように，狭義の管理は維持向上の意

味合いであった．問題文のとおり，このような管理においては，仕事のできばえを望ましい状態に安定させることが中心となり，これは維持の活動といえる．これに対し，あるべき姿と現状とを比較したうえで解決すべき問題を設定し，それらの問題を繰り返し解決することによって現状から抜け出してさらにステップアップしていくことが改善である．ここで問題とは，あるべき姿と現状のギャップを指し，問題文に示された定義はJIS Q 9024:2003（マネジメントシステムのパフォーマンス改善—継続的改善の手順及び技法の指針）における定義を用いたものであろう．よって，54はコ，55はク，56はオがそれぞれ正解である．

④　57　せっかく改善によって現状打破できたとしても，それがその先も続かなければ意味がない．改善の成果を持続させるためにも，誰もが間違いなくできるように作業標準やマニュアルなどを作成し，そのとおりに実施することが大切である．このことを標準化という．改善するだけでなく，改善の成果を維持することが大切なのである．よって，クが正解である．

⑤　58，59　改善し，標準化したとしても予期しない事態や問題が生じることがある．このように突然発生する異常や問題などの原因として，決められた標準どおりに実施していなかった場合がある．また，標準どおり実施していたとすれば別の問題が生じている可能性もあるので，これらの原因を追究して除去することが必要である．このように標準化し，そのとおりに実施し，標準どおり実施しているかどうかを確認し，問題があれば処置することが狭義の管理である維持向上では求められる．この標準化，実施，確認，処置のサイクルを，対応する英単語のStandardize，Do，Check，Actの頭文字をとってSDCAという．よって，58はウ，59はカがそれぞれ正解である．

解説 3.1.3

［第 27 回問 14］

この問題は，工程における品質問題の改善活動について問うものである．品質管理用語の知識と実務での応用方法について，理解することがポイントである．

解答

80 エ　81 ア　82 ク　83 カ

80 切粉を除去できる工数を確保するためには，その工程の“ムダ”，“ムラ”，“ムリ”を取り除くことである．“ムダ”とは目的に対して不必要な動きはしていないか，“ムラ”とは作業の動きや品質にばらつきはないか，“ムリ”とは設備の能力に対して負荷が大きい動作はないか，などの観点である．このムダ，ムラ，ムリの三つのムをとって**3 ム**と呼ぶ．したがって，エが正解である．

81 工程改善は，その改善の規模や難易度によって，自部門で改善できる場合と，他部門との連携が必要な場合とがある．この問題文では，設備の改善において，製造部門だけでは解決が難しいとの判断であることから，設備を担当する**生産技術部門**との連携が望ましい．したがって，アが正解である．

82 清掃とは，きれいに掃除することであるが，単なる清掃とは異なり，企業としての体質改善の手段の一つに 5S 活動がある．**5S** とは，“整理”，“整頓”，“清掃”，“清潔”，“躾（しつけ）”の頭文字 S をとった用語である．

5S 活動は，従業員の意識改革のほかにも，生産性や組織力の向上，工程の安定化，安全環境の構築など，さまざまな長期的効果が期待される．したがって，クが正解である．

83 “自分の設備は自分で守る”など，全社的に全員で生産効率向上に取り組む活動を **TPM**（Total Productive Maintenance）と呼ぶ．

この活動のねらいは，災害・不良・故障をゼロに近づけることにより，生産効率を高めることである．したがって，カが正解である．

3.2　QC ストーリー

解説 3.2.1

[第 12 回問 17]

この問題は，QC ストーリーに沿った問題解決を行うときに，問題解決型なのか課題解決型なのかを判断するものである．例文から現状と目指す姿とを比較し，既存の問題なのか，もしくはこれまでにない新たな課題なのかを見極めることが分類のポイントである．

解答

89 ア　90 イ　91 イ　92 イ　93 ア

① 89　この場合，製造不適合が昨年実績に比べて約 20%増加しているのが現状の問題であり，なぜ増加したのか問題点を追究し解決することにより，不適合率を昨年並みに低減させなければならない．よって，これは問題解決型であり，アを選択できる．

② 90　この場合，今後海外に移管する製品の品質レベルを，1 か月以内に国内並みのレベルに持っていくことが“目指す姿”である．これは現状に問題があるわけではなく，今後の課題を与えられた課題達成型である．よって，イを選択できる．

③ 91　この場合，“従来のやり方にこだわらず，新しい発想で考え対策するように”という指示であり，今までにない新たな課題の達成を目指すものであるととらえることができる．よって，イを選択できる．

④ 92　この場合，“新たな分野に参入して今年度の販売額を 2 億円増やすように”という指示であり，新分野への参入ということで，既にある問題ではなく，今までにない新たな課題に取り組むものである．よって，イを選択できる．

⑤ 93　この場合，チョコ停が発生し始めているという現状の問題を踏まえて，“その原因を突き止めてチョコ停をゼロにするように”という指示が

なされたことから，これは問題解決型であり，アを選択できる．

解説 3.2.2

［第 13 回問 15］

この問題は，課題達成型 QC ストーリーと QC 手法・考え方について事例を通して問うものである．QC ストーリーの流れと各ステップの名称に加え QC 七つ道具・新 QC 七つ道具などの手法，QC 用語をしっかり理解しているかどうかが，ポイントである．

解答

81	コ	82	ク	83	ア	84	オ	85	ク
86	キ	87	カ	88	ケ				

81～83　QC ストーリーの手順は p.54 の**ポイント解説**のとおりである．

課題解決型 QC ストーリーの手順より，81 はコ，82 はク，83 はアが正解である．

84　問題内の図 15.1 は，行にある“調査項目”に対して，列の“要望レベル”，“現状レベル”などの項目に当てはまる内容を一覧にした図である．このように行と列でそれぞれの対応内容を一覧にした図は，新 QC 七つ道具の一つでマトリックス 84 図と呼ばれる．よって正解はオである．

85　この項目は目標設定のために使われた項目である．QC ストーリーでは目標は要望レベルと現状レベルの差，すなわちギャップ 85 をもとに決められるものであるため，正解はクになる．

86　PDPC（Process Decision Program Chart）法は言語データで過程や手順を示していく手法であり，言語データを図に整理する新 QC 七つ道具 86 の一手法になる．よって正解はキである．

なお，新 QC 七つ道具に含まれる手法は，親和図法，連関図法，系統図法，PDPC 法，アローダイアグラム法，マトリックス図法，マトリックス・データ解析法の七つである．

87　問題文中で注目すべきキーワードは“信頼性手法”，“故障モード”，“影響を解析”，“未然に防止”である．信頼性手法の中で未然防止を目的として使われる手法ということだけでも FMEA 87 とわかるが，内容として，“故障モード（Failure Mode）”と“影響を解析（Effects Analysis）”があることからも FMEA だと考えられる．よって正解はカである．

88　問題文に“標準の制定・改訂と教育訓練を行い”とあり，標準の制定から実施して改訂を行う SDCA のサイクル 88 を示している．よって正解はケである．

解説 3.2.3

［第 21 回問 11］

この問題は，問題解決・課題達成の進め方について問うものである．問題解決型の QC ストーリーと課題達成型の QC ストーリーの違いについて理解しているかどうかが，ポイントである．

解答

60	カ	61	オ	62	ウ	63	イ	64	ク
65	オ								

60，61　QC ストーリーには，新規業務への対応や現状打破を行う活動を効果的に進めるための手順である課題達成型の QC ストーリーと，従来から行われている業務などで見つかった問題点を解決していくような場合に用いられる問題解決型の QC ストーリーがある．課題達成型，問題解決型それぞれの手順を p.54 の**ポイント解説**に示す．

問題解決型の QC ストーリーの手順は，仮説を設定し，データの収集・検証に基づき真の原因を追究することを重視しており，課題達成型の QC ストーリーの手順では，新しい方策や手段を追究して従来とは違うやり方を創出することを重視している．したがって，60 はカ，61 はオがそれぞれ解答となる．

62 問題解決型と課題達成型のQCストーリーの使い分けは，取り組むテーマの内容に依存するところが大きい．現状の把握をしっかりとデータで行える場合は，その現状把握した結果に基づき，目標を設定して，目標と現状とのギャップを問題としてとらえて，その真の原因を解析する．問題解決型のQCストーリーはこれらのステップを重視したストーリーになっている．なお，この問題解決型のQCストーリーでは，新規業務への対応や現状打破を行うときにはうまく適用できない．このような場合には，課題達成型のQCストーリーが活用される．したがって，ウが解答となる．

63, **64** 課題達成型のQCストーリーでは，取り組むテーマについて，経営活動の主要な目的である顧客満足と企業収益の向上など，さまざまな角度から定まる要望レベル（達成すべき目標）に対して，現在の姿をどのようなものであるか調査（現状把握）し，目指すレベルとのギャップを明確にして，どこを重点にして方策案を検討していくかの着眼点を決める．これを攻め所と呼び，この攻め所についてありたい姿をどこまで達成するか目標を決める．これが，p.54の**ポイント解説**の左側に示す“攻め所と目標の設定”のステップである．次に，攻め所に焦点を当て，目標達成可能と思われる方策案（アイデア）をチェックリスト法やブレーンストーミング法を活用してできるだけ多く列挙し，その中から実現性にとらわれずにどれくらいの効果がありそうかという期待効果を評価して，有効な方策をいくつか選出する．これが，p.54の**ポイント解説**の左側に示す“方策の立案”のステップである．したがって，**63**はイ，**64**はクがそれぞれ解答となる．

65 課題達成型のQCストーリーでは，前問のステップで選出された方策を実現させる筋書きを具体的に想定して，それを実現させる方法や手順をアローダイアグラム法，フローチャート，PDPC法などを活用して詳しく検討し，ねらいを達成するに至る筋書きとしてまとめる．さらに，この筋書きを実施できるとした場合の期待効果を予測したうえで，実施上の問題や障害を取り除く手段についても検討を行って，総合的に利害得失の評価を行う．そして，その中から最適な成功に至る筋書きを選定する．p.54の**ポイント**

解説の左側に示すとおり，課題達成型の QC ストーリーでは，この筋書きを成功シナリオと呼ぶ．したがって，オが解答となる．

解説 3.2.4

［第 15 回問 15］

この問題は，課題達成型 QC ストーリーの考え方について問うものである．課題達成型 QC ストーリーのそれぞれのステップにおいて，どのような考えでどのようなことを行うかを理解しているかどうかが，ポイントである．

解答

77	キ	78	ア	79	エ	80	ク	81	エ
82	カ	83	ウ	84	ク	85	キ		

77　問題文の“今まで経験したことのない”取組みであるとの記載より，発生した問題への取組みではなく，挑戦する課題に対しての取組みであることがわかる．この場合の QC ストーリーは“課題達成型”であるため，解答はキである．

78　課題達成型 QC ストーリーのステップは**解説図 15.15-1** のとおりである．問題文では，“生産工程のどこを重点に方策を検討していくか，その着眼点”を示す語句を入れるように指示されている．課題達成型の最初のステップは“攻め所の明確化”であり，問題文の“着眼点”は“攻め所”といいかえても意味が通る．よって解答はアである．

79　改善活動の中で実施しないことが望ましいことを念頭に探すと“対策”が適切である．“対策先行”で思いついた対策をどんどん進めると，試行錯誤の繰返しと同じようにステップを後戻りしてしまう危険性があるため，QC ストーリーに沿った活動においてはやってはいけない．よって解答はエである．

80　試行錯誤の繰返しや対策先行にならないように QC ストーリーで行うステップを，**解説図 15.15-1** から検討すると，“成功シナリオの追求”が適

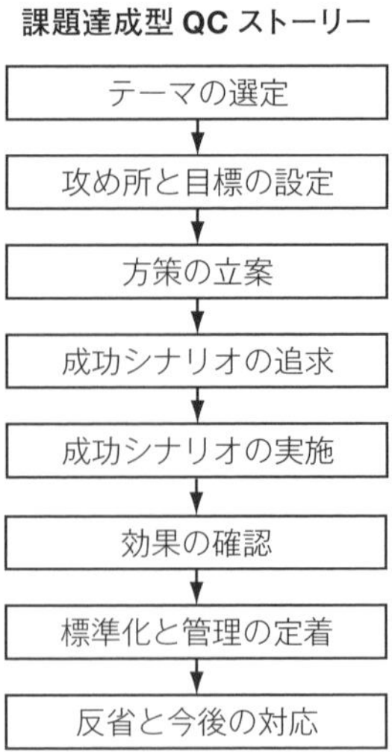

課題達成型 QC ストーリー

テーマの選定
↓
攻め所と目標の設定
↓
方策の立案
↓
成功シナリオの追求
↓
成功シナリオの実施
↓
効果の確認
↓
標準化と管理の定着
↓
反省と今後の対応

解説図 15.15-1 課題達成型 QC ストーリーの流れ

切である．これは試行錯誤や思い付きではなく，十分検討して実現可能なよりよい対策を追求するステップである． **80** は問題文⑤にもあり，そこでは“次の段階である **80** ”と記載されている．前の段階である問題文④は“方策の立案”の段階であることからも，ここは“成功シナリオの追求”であることが改めてわかる．よって解答はクである．

81 選択肢の中で，方策を検討するときに有効な手法は“系統図法”である．方策を系統立てて具体的な方策に展開できる特徴があるため，方策の立案の段階で使われる．よって解答はエである．

82 問題文中の“必要な費用と得られる利得”より，お金に関係する視点であることがわかる．お金に関係する語句を選択肢から探すと“経済”のみであり，解答はカである．

83 問題文中の“品質や安全面で副次的な問題が発生しないか”より，品質と安全の両方に関係がある語句を選択肢から探すと“技術”が両方に関係があり適切である．よって解答はウである．

84 問題文中の“現場の実務面で技能や工数”より，現場での技能に関係がある語句を選択肢から探すと"作業"が適切である．よって解答はクである．

85　問題文中の"改善計画の進捗については［85］で明確にし"より，計画や進捗状況を明確にできるものが［85］に入ることがわかる．選択肢の中では，日程計画の策定によく用いられる"アローダイアグラム法"が最も適切な手法であり，解答はキである．

2 級

第 4 章

品質保証
―新製品開発―

解説

4.1　結果の保証とプロセスによる保証，品質保証体系図，品質保証のプロセス，保証の網（QA ネットワーク）

解説 4.1.1

［第 17 回問 10］

この問題は，品質保証体系図の目的及びメリットについて問うものである．品質保証体系図をなぜ作成するのか，作成することによるメリットは何かを，活用方法とともに理解しておく必要がある．

解答

59 ア　60 カ　61 エ　62 イ　63 ア
64 キ　65 エ

① 59〜61　会社内の一部の部門だけの努力では，顧客に満足してもらえる製品を提供することはできない．営業・企画部門が顧客のニーズ・期待を的確にとらえ，設計・開発部門が顧客のニーズ・期待を満たす製品を設計・開発し，購買部門が要求品質を満足する原材料，部品を調達し，製造部門が設計のねらいどおりに製造する…というように，企業のすべての部門がかかわってはじめて顧客に満足される製品の提供が可能になるのである．ただし，全部門が参画しても，場当たり的に対応を進めたのでは品質保証は実現しない．あらかじめどの部門がどのような役割をもって何をすべきかを取り決めて，体系的かつ組織的に活動する必要がある．そのためには，各部門の役割や仕事の流れを明確にするなど，企業の体制を整備する必要がある．それを具体的に表現する手段が品質保証体系図である．よって，59 はア，60 はカ，61 はエがそれぞれ正解である．

② 62　品質保証体系図とは，製品の開発から販売，アフターサービスに至るまでの各ステップにおける業務を各部門間に割り振ったものであり，それぞれの業務のつながりが明らかになるようにフロー図にするとわかりやすい．よって，イが正解である．

③ 63～65 どの部門が何をすべきかが明確になっていない場合，判断に時間がかかり効率的でない．各部門の役割を明らかにすることが大切であり，これが品質保証体系図を作成するメリットである．よって，63 はアが正解である．

また，それぞれの部門の役割が明らかにされることにより，トラブルが発生したときにも，どの部門が対応するのかが全社全部門で理解されているため迅速な対応が可能となる．よって，64 はキが正解である．

品質保証体系図には業務フロー図を基本に各ステップにおける業務が明記されるだけでなく，実施される会議体や関係する重要な規定・帳票類があわせて示されることで，それらの役割・機能が明確になる（ここでの“会議体”とは何らかの権限と責任をもつ公式組織としての集まりを意味する）．よって，65 はエが正解である．

品質保証体系図には社内的なメリットだけでなく，顧客に対して自社の品質保証活動の概要をわかりやすく明示できるという対外的なメリットもある（品質保証体系図の例を p.64 の図 4.1.B に示す）．

解説 4.1.2

［第 14 回問 13］

この問題は，品質保証の定義，品質保証体系図，企画・設計段階での品質保証活動について問うものである．“品質保証”という言葉は日常的に見聞きするが，本来の定義，目的及び意図を正しく理解していることが求められる．

解答

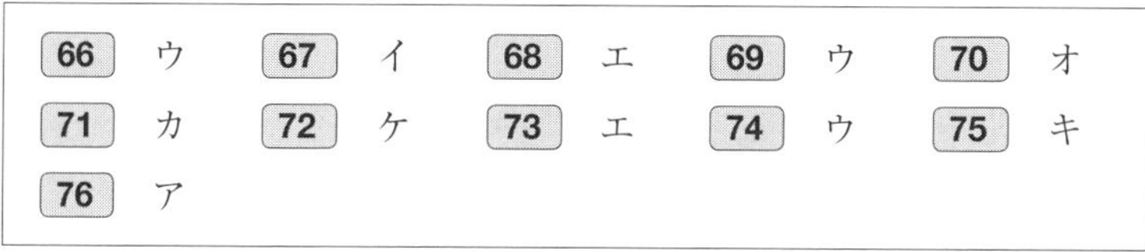

66	ウ	67	イ	68	エ	69	ウ	70	オ
71	カ	72	ケ	73	エ	74	ウ	75	キ
76	ア								

① 66 ISO 9000:2015（JIS Q 9000:2015）“品質マネジメントシステム—基本及び用語”では，品質保証を“品質要求事項が満たされるという確信を

与えることに焦点を合わせた品質マネジメントの一部”[9]と定義している．つまり買い手が安心して製品・サービスを購入できるようにすることである．買い手の安心を得るためには，製品・サービスの品質はもちろんであるが，製品・サービスの品質を確保するための生産体制 66 や生産方法が適切に整備されていることが求められる．また，もし使用段階でトラブルが発生したとしても適切な対応方法が明確になっていればより安心できる．したがって，ウが正解である．

② 68 ～ 71 　問題文にあるように，品質保証体系とは，ユーザーが満足する品質を達成するために必要なプログラムの全体を全社的見地から体系化したものである．しかし，この品質保証体系は目で見えるものではないので，目で見てわかるようにすれば，組織においても，顧客においても理解しやすくなる．品質保証体系を目で見てわかるように図示したものが品質保証体系図と呼ばれるものである．

品質保証体系図では，製品の開発から販売，アフターサービスに至るまでの各ステップで，どのような業務 67 があり，どの部門が担当しているかを明示し，品質をどこでどのように作り込んでいるかを一目で読み取れるようにする．書き方には特に決まりはないが，一般的には縦 68 方向にステップ，横 69 方向には顧客及び組織の部門，場合によっては供給者を配置し，業務の流れをフローチャートで示す．フローチャートは上から下へ流れるが，問題があった際には立ち返ってやり直す必要があるため，フィードバック経路 70 を入れることが多い．それぞれのステップにおいて次のステップに移行する際には，十分な検討が必要である．安易に次のステップに進めて後で問題が発生した場合，その影響は非常に大きくなる．よって，次のステップに移行する判断 71 基準を明確にしておくことが重要である．

以上より， 67 はイ， 68 はエ， 69 はウ， 70 はオ， 71 はカがそれぞれ正解である．

③ 72 ～ 76 　品質を作り込む活動が品質保証活動であるが，作り込む品質には企画品質，設計品質及び製造品質がある．企画品質は企画 72 段階

で，設計品質は設計段階で，製造品質は製造 73 段階で作り込まれ，それぞれの段階で品質保証活動が行われる．

まず企画段階においては，顧客の要求 74 を的確に把握したうえで，それに合致した製品を企画することが重要で，顧客の要求をどれだけ反映することができるかが企画品質を左右する．

設計段階においては，設計部門が企画どおり設計することが重要であり，製造 73 部門が設計どおり製造すれば，企画 72 どおりの製品ができあがることになる．さらにトラブル 75 を発生させない製品を設計することも重要であり，これらが設計品質を意味する．

設計段階においても，完成度を確認することを目的としたいわば関所のような場を設けて，発生する可能性がある問題を事前に検討しておくことが重要である．このような関所をデザインレビュー 76 という．デザインレビューは設計審査とも呼ばれ，さまざまな観点で検討することが求められるため，"設計部門だけでなく営業，購買，製造部門など，関連する他部門の代表者も参加する必要がある"[3)]．

以上より，72 はケ，73 はエ，74 はウ，75 はキ，76 はアがそれぞれ正解である．

第 4 章

解説 4.1.3

［第 16 回問 11］

この問題は，品質保証の基本について問うものである．品質保証の目的や意図をきちんと把握していることが求められており，品質保証に関する幅広い知識を理解しているかどうかが，ポイントである．

解答

72	キ	73	イ	74	コ	75	ウ	76	ク
77	ア	78	オ						

① 72，73　企業には，欠陥のある商品を販売し，お客様が使用段階で

身体に障害又は財産に損害を受けた場合，お客様に対して賠償責任がある．このように，“ある製品の欠陥が原因で生じた人的・物的損害に対して製造業者らが負うべき賠償責任”[6)]を製造物責任(Product Liability：PL)という．

しかし，大切なのはまず欠陥のある商品を作らないことであり，商品の設計・製造段階からよい結果を得られるように努力しなければならない．よい結果を得るためには，よい結果となるように仕事のやり方・進め方をしなければならない．つまりプロセスを適切に管理することでよい結果を得ようとするものである．

よって，72はキ，73はイがそれぞれ正解である．

② 74～76 お客様に品質を保証するにあたっては二つのサービスがあり，一つは購入時点のサービス，もう一つは購入後のサービスである．お客様が誤った使い方をしないように購入時点で適切に説明をしなければならない．また，購入後においても使い方などに関する問い合わせや故障に対して，企業として対応しなければならない．購入時点のサービスは，購入前・使用前ということでビフォアサービスと呼ばれている．購入後のサービスは，購入後・使用後ということでアフターサービスと呼ばれている．また，これらのサービス時に得られたお客様の要望などの情報を次の商品づくりに活かすことが大切であり，このような積み重ねによって行われるのが品質保証活動なのである．

よって，74はコ，75はウ，76はクがそれぞれ正解である．

③ 77，78 品質保証活動は，企業内だけでなく外注先や購買先などの企業外の供給者とも連携をして進めなければならない．そして，いつ，誰が(どの部門・部署が)，どのように評価するのかを明確にしておくことが必要である．これらを体系的に進めることが大切であり，それを目で見てわかるようにしたのが品質保証体系図である．特に設計段階での評価は重要であり，設計での欠陥は後の工程になるほど及ぼす影響が大きいことから，できるだけ前段階で抑えたい．そのためにステップを進める際に，お客様の要望や必要な設計仕様などが設計段階で盛り込まれているかどうかを設計部門だ

けでなく製造，購買，品質保証などの関連する各部門の専門家が審査し，製品品質目標を達成できるよう品質を作り込んでいくことが重要である．この審査のことをデザインレビューという．

よって，**77** はア，**78** はオがそれぞれ正解である．

4.2　品質機能展開（QFD）

解説 4.2.1

［第 22 回問 12］

この問題は，製品の開発・設計において，比較的あいまいな顧客の要求品質を具体的な設計目標に展開にする手法について，基本的な知識を問うものである．品質展開，品質表，技術展開など品質機能展開にかかわる用語を理解しているかどうかが，ポイントである．

解答

60 ケ　61 オ　62 イ　63 カ　64 ク
65 カ　66 エ

① 60, 61　昨今では，個人や世帯における生活の多様化が進んでいる影響で，製品に対する顧客要求の多様化が相当な勢いで進展している．多様化が進むと顧客要求に合わない製品はすぐに淘汰され市場から姿を消すことになり，製品の短命化 60 が加速する．これを防ぐためには，顧客に近い立場の営業部門などが把握した市場（顧客）の情報 61 をいち早く開発設計部門に伝達することが求められる．よって，60 はケ，61 はオがそれぞれ正解である．

② 62, 63　顧客の中でも特に一般消費者は製品に対する専門的な知識が少ない場合が多いので，当然顧客の要求品質は言葉によって表現されることが多い．例えば“小回りが利いて，扱いやすい車が欲しい”とか“なめらかな書き心地のボールペンが欲しい”といった形である．しかし，これらの言葉だけで設計・開発を進めることはできないので，その要望設計目標となる寸法，形状，機能など具体的な品質特性 62 に変換することが求められる．これを系統的に展開していく方法として品質展開 63 がある．品質展開とは，“要求品質を品質特性に変換し，製品の設計品質を定め，各機能部品，個々の構成部品の品質，及び工程の要素に展開する方法”[8)]（JIS Q

9025）をいう．よって，62はイ，63はカがそれぞれ正解である．

③　64　品質展開のプロセスでは，顧客の要求を収集したのち，その要求を分類・整理することから始まる．多様化している顧客の要求品質を理解できるレベルまでに整理する必要があり，それをまとめたものが要求品質展開表となる．さらにそこから，要求品質展開表に明確にされた要求項目ごとに設計目標となる品質特性を列挙・整理する必要があり，それらの内容をまとめたものが品質特性展開表となる．この要求品質展開表と品質特性展開表をマトリックス図の形にして，相互の対応関係を明確にするのである．このマトリックス図は狭義の品質表64と呼ばれる．よって，クが正解である．

解説表 22.12-1　要求品質展開表の例[8)]（JIS Q 9025 附属書2より）

附属書2表1　ゲーム機の要求品質展開表の例

要求品質展開表	
1次	2次
使いたくなる	面白い
	会話できる
	体感できる
	デザインが良い
ソフトがいい	どのソフトも使える
	ソフトが多く入る
	ソフトが作れる
長く楽しめる	多人数で楽しめる
	若者が好む
	長く使える
頑丈である	水に強い
	ほこり（埃）に強い
	熱に強い
使いやすい	接続しやすい
	コードがない
	持ち運べる
高性能である	音質がよい
	ロードが早い
	画像がきれい
操作しやすい	簡単にセーブできる
	ボタンが押しやすい
	片手で操作できる

解説表 22.12-2　品質特性展開表の例[8]（JIS Q 9025 附属書 3 より）

附属書 3 表 1　ゲーム機の品質特性展開表の例

品質特性展開表	1 次	操作性				ソフト充実度				形状寸法				質量			話題性			
	2 次	接続時間	メモリ容量	CPU速度	携帯性	ソフト互換度	ソフト拡張性	キャラクタ充実度	ソフト多様性	本体厚さ	外形寸法	操作部寸法	開口部寸法	本体質量	操作部質量	附属品質量	意匠性	安全性	注目度	リアル度

解説表 22.12-3[8]（JIS Q 9025 附属書 4 より）

附属書 4 表 1　ゲーム機の品質表の例

要求品質展開表 ＼ 品質特性展開表		1 次	操作性				ソフト充実度				形状寸法				質量			話題性			
		2 次	接続時間	メモリ容量	CPU速度	携帯性	ソフト互換度	ソフト拡張性	キャラクタ充実度	ソフト多様性	本体厚さ	外形寸法	操作部寸法	開口部寸法	本体質量	操作部質量	附属品質量	意匠性	安全性	注目度	リアル度
1 次	2 次																				
使いたくなる	面白い							○	◎									○		○	○
	会話できる							○													
	体感できる								○				○			○					◎
	デザインが良い											◎						◎		○	
ソフトがいい	どのソフトも使える						◎			◎	○										
	ソフトが多く入る			○				○													
	ソフトが作れる						○	◎													
長く楽しめる	多人数で楽しめる							○												◎	
	若者が好む					○												◎		◎	○
	長く使える			○						◎											
頑丈である	水に強い													○					○		
	ほこり（埃）に強い													◎							
	熱に強い											○							◎		
使いやすい	接続しやすい		◎			○								○							
	コードがない		○			○															
	持ち運べる					◎					○	○			◎		◎				
高性能である	音質がよい																				◎
	ロードが早い				◎					○											
	画像がきれい			○				○													○
操作しやすい	簡単にセーブできる			○	○					○											
	ボタンが押しやすい												◎			○					
	片手で操作できる												◎			○	○				

参考として，要求品質展開表，品質特性展開表，及び品質表の例をそれぞれ**解説表 22.12-1，-2，-3** に示す．

④ 65，66 製品の設計・開発においては従来技術の延長で十分達成可能な場合もあるが，多様化する顧客要求への対応においては実現困難な技術があり，これをボトルネック技術という．ボトルネックとは飲料のびんの首のことで，首が細くなっていることから，ここを広げない限り，びんから中身を出せる量や早さが限られてくる．一番障害となるところの技術がボトルネックとなるため，その技術をボトルネック 65 技術という．このボトルネック技術は，できる限り開発の初期段階で発見し，解決していくことが重要で，これを組織的に見つけ出す方法に，技術展開 66 がある．技術展開とは，“設計品質を実現する機能が，現状考えられる機構で達成できるか検討し，ボトルネック技術を抽出する方法”[8]（JIS Q 9025）をいう．よって，65 はカ，66 はエがそれぞれ正解である．

第 4 章

解説 4.2.2

［第 25 回問 9］

この問題は，品質機能展開について問うものである．品質機能展開の実施手順や各展開における用語，展開方法をしっかり理解しているかどうかが，ポイントである．

解答

51	オ	52	ク	53	エ	54	カ	55	ウ
56	ク	57	イ	58	カ				

51 新商品開発にあたって，その特性・仕様・管理基準まで定められるものは選択肢からは**品質機能展開**だけである．以降の問題文がこの具体的な手順を示していることからも手法そのものを表す名称が 51 に入る．よって正解はオである．

以降の解説のために品質機能展開で品質表まで作成した状態の例を p.232

の**解説表 22.12-3** に示す．

52 品質機能展開ではじめに行うのは**解説表 22.12-3** の左側でお客様の声や製品に求められる要求品質を整理することである．これを**要求品質展開**といい，正解はクである．

53 **解説表 22.12-3** の例で示されているように，要求品質展開は**言語データ**を展開している．よって正解はエである．

54 問題内の“微生物に汚染されていない”は食品においては当たり前にできていなければならないことである．選択肢からは“一元的品質”，“潜在的品質”，“当たり前品質”が解答の候補になるが，文字どおり**当たり前品質**が最も適切な用語である．よって正解はカである．

55，**56** 問題内の“1 次，2 次，3 次の階層などに分類・展開しながら整理・統合していく”に記述されているとおり，要求品質展開では，お客様の声や具体的な要求品質のレベルである**下位項目**の言語データを整理して上位項目に統合していく．**解説表 22.12-3** の要求品質展開では下位項目である 2 次の言語データを整理して，1 次へと統合している．このように言語データを整理・統合していく手法は**親和図法**である．以上より **55** はウ，**56** はクが正解である．

57 要求品質展開の次に行うのは**解説表 22.12-3** の上側で設計側が決めていく品質特性を整理することである．これを**品質特性展開**といい，正解はイである．

58 品質特性展開も要求品質展開と同様に下位項目を親和図法で上位項目に整理・統合していき“品質要素”を抽出する．**解説表 22.12-3** では，2 次項目にある“接続時間”，“メモリ容量”，“CPU 速度”は**品質特性**であり，これらの品質要素は 1 次項目にある“操作性”である．以上より正解はカである．

4.3　DR とトラブル予測，FMEA，FTA

解説 4.3.1

[第 23 回問 13]

この問題は，信頼性保証について問うものである．設計段階で信頼性を作り込むための手法の一つである設計審査（Design Review：DR）について理解しているかどうかが，ポイントである．

解答

78 エ　79 ケ　80 キ　81 ア　82 ア
83 ケ　84 エ

78　信頼性とは，製品や部品が定められた条件で，決められた期間内，要求された機能を果たすことができる性質のことであり，お客様に対して信頼性のある製品・部品であることを確実にすることが重要である．このように間違いないものとして確実にすることを保証といい，信頼性を確実にすることを**信頼性保証** 78 という．

製品・部品の品質は設計段階で図面に反映されるので，要求された機能を果たすための作り込みを設計段階で検討することが重要である．したがって，エが解答となる．

79 ～ 81　設計段階で信頼性を作り込むための手法としては，FMEA（Failure Mode and Effect Analysis）や FTA（Fault Tree Analysis）などがあるが，本問で挙げられた DR（Design Review）もその手法の一つであり，**設計審査** 79 と訳される．設計の最終的なアウトプットである図面には顧客のニーズや設計仕様が正確かつ適切に反映される必要があり，この顧客ニーズや設計仕様のことを，**要求事項** 80 という．また，DR は設計の各段階での不具合を検出し，修正する目的で行われ，目指すべきものとして設定した品質に関する目標，すなわち，**品質目標** 81 を達成できるかどうかについて審議される．したがって，79 はケ，80 はキ，81 はアがそれぞれ解答となる．

82，**83**　設計の品質を確保することを目的とするDRは，設計の初期段階から必要な知見をもった人々が集まって設計活動のアウトプットの検討・評価を行い，**改善点** 82 を提案するとともに，設計活動の進展に応じて，次の段階への移行の可否を確認する組織的な活動である．そのため，DRには当事者である設計部門だけでなく，営業，企画，研究開発，製造，品質保証，アフターサービスなど，レビューの対象と目的に適した人に幅広く参加してもらう必要があるほか，DRの場では，設計技術や設計方法の適切性などに加え，過去のトラブル等の反省が活かされているかといった点も評価されることから，参加者には当該部門の代表者として評価を行うだけの知見や**力量** 83 が求められる．したがって，82 はア，83 はケがそれぞれ解答となる．

84　DRには商品企画段階，製品企画段階，試作設計段階などさまざまな段階があるが，これは漫然と段階ごとに行っているのではなく，それぞれの段階で，商品企画移行への可否を決める，製品設計移行への可否を決める，求められている設計品質達成状況を確認するといった目的がある．DRの実施にあたっては，**各段階**での**目的**やその段階でクリアすべき事項などについて明確にしたうえで取り組む必要がある．したがって，エが解答となる．

解説 4.3.2

［第20回問10］

この問題は，品質保証の取組みの考え方や，品質に関する問題を解決する際の進め方を問うものである．

特に設計段階について，故障モード影響解析（FMEAと呼ばれる）が設問に取り上げられており，その実施方法や業務での活用法について，十分な理解が必要である．

解答

53 カ　54 ク　55 ケ　56 オ　57 ケ
58 キ

53 問題文では，“発生した問題に対し，その原因を追究して取り除く”とあるので，これは，是正措置を意味する．よって，正解はカである．

54，55 未然防止を効果的に行うための策として，設計段階で過去に発生した問題を整理するとともに多くの状況に汎用的に適用できる事項を見いだすことが述べられている．未然防止は実施に伴って発生すると考えられる問題をあらかじめ洗い出し，それに対する修正や対策を講じておくこと[6)]なので，過去に起こった問題について類似するものを分類・整理したうえで多くの状況に共通して利用可能な事項を選び出すものと考えられるので，54はク，55はケが正解である．なお，55については“汎用的な”という言葉をヒントにケを選ぶこともできる．

56 故障モード影響解析は，“Failure Mode Effective Analysis”の頭文字をとってFMEAと呼ばれている．よって正解はオである．

ちなみの選択肢ウのQFD（Quality Function Deployment）は品質機能展開，選択肢コのFTA（Fault Tree Analysis）は故障の木解析を指している．

FTAがトップダウンの手法なのに対して，FMEAはボトムアップの手法である．また，FTAは主に故障発生後の解析手法なのに対して，FMEAは主に故障発生の前にそれを予測する手法である．

57，58 故障モード影響解析（FMEA）は，問題文にもあるとおり，起こる可能性のある事故や故障を設計段階で予測し，重大事故や故障を予防することを目的とするもので，完成した機器やシステムに対する検討のためではなく，これから開発しようとする機器やシステムの設計改善に用いるものである[6)]．よってここでは，故障モードの上位アイテムへの影響を解析するための評価項目として重要な，“頻度”につながるものを選べばよく，選択肢から“発生”を選ぶことができる．57はケが正解である．

58は，評価項目であるという前提と前後の文脈から，候補はエの重要性，カの必要性，キの難易度が考えられるが，そもそも重大事故や故障を予防するというFMEAの目的に照らすと，検知が必要かつ重要であることは既に明らかであり，その検知を行う前提で把握しておくべき項目として考えられるのは“難易度”であるので，58はキが正解である．

ここでは問題文の文脈に沿ってあてはまるものを選ぶ形で解説したが，FMEAの内容と目的，またその主な評価項目については問われればすぐに答えられるようにしておきたい．

4.4　製品ライフサイクル全体での品質保証，製品安全，環境配慮，製造物責任

解説 4.4.1

[第 19 回問 11]

この問題は，製造物責任（Product Liability：PL）について問うものである．製造物責任法に出てくる用語や損害賠償の請求の期限，対策法などについて理解しているかどうかが，ポイントである．

解答

71	イ	72	カ	73	ア	74	ク	75	ウ
76	コ								

71　一般的に，土地や土地に定着している建物・立木などを不動産といい，それに対して，製造又は加工されたものを動産という．製造物責任法での製造物は，製造又は加工された動産のことである．したがって，71 はイが解答となる．

72　製造者は，ユーザーの使い方や使われる環境などを可能な限り予測し，予測される使い方や使われる環境において，製造した製品が安全であることを保証するべく評価を行うことが必要である．評価を行った結果，安全でなければ，安全性を欠いていることとなり，“欠陥”のある製品ということとなる．したがって，72 はカが解答となる．

なお，ユーザーの使い方や使われる環境などの予測が技術的に不可能であることが証明されれば，賠償の責任を負う必要がない場合もある．

73，74　製造物責任法では，被害者又はその法定代理人は損害及び賠償をする側を知ったときから 3 年が損害賠償の請求期限と決められており，3 年を過ぎると時効によって損害賠償の請求権が消滅してしまう．加えて，被害者は，商品を購入し，受け取ったときから 10 年を過ぎると同様に損害賠償の請求権が消滅してしまう．したがって，73 はア，74 はクがそれぞ

れ解答となる．

75, 76　選択肢のうち，PL対策に関連があり解答にあてはまりそうなPLD，PLPはそれぞれ次の内容を指す用語である．重要なので改めて記載する．

- PLP（Product Liability Prevention：製造物責任予防）…製造物責任問題発生の予防に向けた企業活動の総称[6]．
- PLD（Product Liability Defense：製造物責任防御）…いったん発生した製品事故による損失を最小限に抑えるための，企業の事前・事後の諸活動[6]．

なお，ウのPLS（Product Liability Safety）は，製造物責任（Product Liability）と製品安全（Product Safety）について混同してしまっていないかを見るための選択肢と推察される．このように他の関連用語と並べられると少々難しいが，関連する用語を正しく理解しておく必要がある．

したがって，75はウ，76はコがそれぞれ解答となる．

解説 4.4.2

［第14回問14 ①②］

品質保証活動の内容について問うものである．製造物責任法，ISO 9001など関連する法律や活動について知識を有しているかどうかが，ポイントである．

解答

77	イ	78	カ	79	ウ	80	オ

77, 78　日本において製造物責任法は1995年7月1日より施行された．それ以前は顧客が製品を使用して，その欠陥が原因での被害を受けた場合に，その製品の生産者に対し，被害者側に生産者の過失があったことを立証する必要があったが，この製造物責任法では無過失責任78の考え方を取り入れて，製品に欠陥が存在し，その結果被害を受けたことを立証することで生産者を訴え，損害賠償を請求できるようになった．ただし，欠陥につい

ては“その通常予見される使用形態，その製造業者等が当該製造物を引き渡した時期その他の当該製造物に係る事情を考慮して，当該製造物が通常有すべき安全性を欠いていることをいう．”[21] とされており，製造上での欠陥，設計上での欠陥に加えて，表示・警告 77 上での欠陥（取扱い方の説明・警告などの表示についての問題）も含まれるという考え方が一般的である．よって， 77 はイ， 78 はカがそれぞれ解答となる．

79，**80**　この製造物責任法対応には，顧客に安全な製品を提供することで製造物責任問題を予防する PLP 79 （Product Liability Prevention：製造物責任予防）の活動と，損害賠償請求を受けた生産者側の責任がないことを立証できるような防御体制を構築する PLD 80 （Product Liability Defense：製造物責任防御）の活動に大きく分けられる．PLP は品質保証活動の基本的な考え方であり，設計・開発，生産活動だけでなく，営業活動においても表示・警告上の欠陥があったと判断されないように顧客に製品の安全な使用方法ややってはいけない危険な使い方などをきちんと説明し，理解してもらうことが製造物責任の観点から重要な活動となる．よって， 79 はウ， 80 はオがそれぞれ解答となる．

4.5　初期流動管理

解説4.5.1

[第12回問15]

新製品発売時によく行われる初期流動管理に関係する品質管理について問うものである．初期流動管理とはどのようなものであり，注意するポイント，使われる用語を理解しているかがポイントである．

76	ア	77	オ	78	カ	79	ウ	80	ク
81	イ	82	エ	83	オ				

① 76　新製品をタイムリーに開発し発売するためには，企画・設計からアフターサービスに至るまでの品質保証活動の中で，設計から製造に移行する間に，安定した生産を早期に実現する活動が必要になる．特に製品の量産に入る立上げ段階では，これを実現するために関係部門による組織の枠を越えて，実現に必要な人材を集めたプロジェクトチームを組み，通常とは異なる体制で課題達成を図ることがある．

この問題文は製造へ移行した立上げ段階のことであり，生産工程で新製品に関する目標値を達成し安定して生産できる状態にもっていく活動であるため，生産工程安定化 76 のための工程管理体制整備ということが焦点となる．よってアが正解である．

② 77　この製造における量産前の特別な体制を組んで，生産をスムーズに立ち上げるために必要な管理を"初期流動管理"と呼ぶ．量産安定期に入るまでのこの期間を初期流動管理期間 77 として設定し，プロジェクトチームがその目的に向けた活動を展開する．よってオが正解である．

③ 78 ～ 80　このプロジェクトチームの目的は生産工程の安定化であり，そのための活動がこの設問の内容である．生産工程の安定化を図るには作業環境を整え，そこで作業する人員を確保するとともに，その作業者に必要な

知識と技能を習熟させるために，必要であれば教育・訓練を実施する．このとき，作業標準書を使うと効率的である．

初期流動管理の解除には目標値・計画値の達成が必須である．目標値・計画値達成の意味合いで，選択肢に品質認定 79 がある．企業によって会議体は異なるが，一般には品質部門が所掌する品質認定会議に相当する会議体での品質認定を得る．

量産安定化を想定した，量産時に管理する方法や必要なツールを確定していくことも重要である．これらは日常管理を進めていく中で必要なものであり，この段階で日常管理についての詳細も決めておくことが重要である．よって正解は 78 がカ， 79 がウ， 80 がクである．

④　81 ～ 83　プロジェクトチームのリーダーは活動についての内容，進捗状況などの情報を把握していなければならない．その内容は新製品が市場において評価され顧客からの満足を得られるか，という企業・組織にとって重要な情報の一つであるとも考えられる．よって経営トップにとっても必要な情報として，その内容を適切な場を通じてタイムリーに報告 81 すべきである．このようにして所定の目標である量産化に向けての準備が達成できた時点で，初期流動管理期間から日常管理（定常管理）に移ることを企業・組織内において明確にすることが必要であり，この問題文の場合には，解除のための申請を要するとしている．よって正解は 81 がイ， 82 がエ， 83 がオである．

4.6　保証と補償，市場トラブル対応，苦情とその処理

解説 4.6.1

［第 20 回問 13］

この問題は，品質保証に関して問うものである．品質保証というと非常に広範囲な知識が求められ，過去の出題を見てもなかなか的が絞りにくい部分であるので，過去に出題されたものについては一通り理解を深めておきたい．

解答

73 ウ　74 オ　75 キ　76 オ　77 ア
78 カ

① 73, 74 データをその共通点やくせ，特徴に着目して要因によっていくつかのグループに分けることを層別といい，その分けられたデータを層別データと呼ぶ．問題文のケースではデータを対策実施前と対策実施後の二つに分類したいことがわかる．よって，73 はウが正解である．

また，“管理のサイクル”とはいわゆる PDCA サイクルのことで，“計画(Plan)―実施（Do)―点検（Check)―処置（Act)”の反復から構成されている．問題文のケースでは 6 月に実施した是正処置が有効であるかどうかを議論しており，まさに是正処置を実施した後の効果の確認のステップであり，上記サイクルの点検（Check）に該当する．よって，74 はオが正解である．

② 75 品質管理では，製品に関してどのような材料を使用し，いつ，どこで，誰が生産したのかといった製造の記録（履歴）を残し，製品に何か問題が発生したときにその製品の素性が追跡調査でわかる状態にしておくことが重要であり，これをトレーサビリティと呼ぶ．問題文はこういった履歴調査ができない状態のことを述べているので，“トレーサビリティがない”ということになり，キが正解である．

③ 76 受入検査で，受入れ時に自社で直接受入れ品の検査をするのでは

なく，その製品を製造したメーカーが実施した検査結果を受入検査の代用とする方法を間接検査と呼んでいる．よって，オが正解である．

④ **77**, **78** 問題文中に“キャリブレーション”とあるので，**77** はアの校正が正解であるとすぐに気づいた方も多いと思う．計測に関する主な用語について規定した JIS Z 8103:2000 では，校正を“計器又は測定系の示す値，若しくは実量器又は標準物質の表す値と，標準によって実現される値との間の関係を確定する一連の作業．備考：校正には，計器を調整して誤差を修正することは含まない”[10] と定義している．

校正を行うためには標準器が必要であり，標準器を測定したときの値と標準器そのものの値の関係を確定する作業が校正であるが，問題は標準器そのものの値が本当に正しい値なのかどうかである．残念ながら厳密な意味での真値は神のみぞ知る値であるので，誰にもわからない．よって，国家が承認した標準を正しいとし，切れ目ない比較の連鎖によって校正が実施されることが必要である．この国家が承認した標準を国家標準と呼んでいる．よって，**78** はカが正解である．

2 級

第 5 章

品質保証
―プロセス保証―

解説

5.1 プロセス(工程)の考え方，QC 工程図，フローチャート，作業標準書

解説 5.1.1

[第 10 回問 11]

この問題は，プロセス管理について問うものである．工程を管理するうえで必要な用語について理解しているかどうかが，ポイントである．

解答

59	ケ	60	カ	61	キ	62	イ	63	エ
64	オ	65	イ	66	カ	67	ク	68	ア
69	エ								

59 製品企画部門や技術部門が企画や設計を行い，製造部門へ引き継ぐ品質を，ねらいの品質 59 といい，設計品質とも呼ばれる．ねらいの品質にはユーザーからの要求だけでなく，専門メーカーがもっている固有技術から出された要求も含まれ，仕様書や製品企画書などで表される．

したがって，ケが解答となる．

60, 61 製造部門では，製品企画部門や技術部門が企画・設計段階で決めたねらいの品質を工程で作り込むために，どのような方法がよいかを検討しておく必要があり，検討した結果をまとめたものを作業標準書 60 と呼ぶ．よい作業標準書には，原因を抑えるための決めごとや，結果のよしあしの判断基準だけでなく，異常発生時 61 の処置の仕方・基準などの重要事項を記載しておく必要がある．

したがって，60 はカが，61 はキが解答となる．

62 ～ 64 作業者に作業標準を確実に守って作業を実施させることが重要であり，その手段として，教育・訓練という言葉が使われる．しかし，教育と訓練は，それぞれ次のような意味をもっており，区別して行う必要がある．

教育 62 ：製品の用途や作業の手順などを知識として覚えてもらうこと
訓練 63 ：作業の動作や力加減，タイミングなどを繰返し実施して体得してもらうこと

この教育と訓練は，実際の作業現場に近い環境で，実際の作業を通じて行われるのが望ましく，これをOJT 64 （On the Job Training）と呼ぶ．逆に，職場外で行うことを，OFF-JT（Off the Job Training）と呼び，職場を離れて行う企業内教育，企業外での研修・セミナーへの参加がある．“OJTだけではトレーナー（教育訓練員）の質，能力，特性によってばらつきや片寄りがあったり，職務に対する視野が狭くなるなど，人材を十分に活かせない場合がある．OFF-JTとOJTとの関連をもたせながら実施することが大切である．”[17)] したがって， 62 はイが， 63 はエが， 64 はオが解答となる．

65 ～ 68 　点検点 65 とは，“管理点のうち，原因をチェックする項目”[2)] のことで，点検項目とも呼ばれる．この点検点には，設備の設定条件や仕事の手順などがある．

また，管理点 66 とは，“目標の達成を管理するために評価尺度として選定した項目”[16)]（JIS Q 9023）のことで，管理項目とも呼ばれる．この管理点には，歩留り，生産量，品質，仕様の正しさなどがあり，結果系のチェックに使われる．

この管理点，点検点はいずれも必ずばらつくが，このばらつき方が，通常，以前と比較して変わっていないかどうかで異常の判断を行う．特に結果系の異常の判断を容易に示してくれるのが管理図 67 である．この管理図では，とったデータがいつもと同じ状態かどうかを管理限界線やデータの出方のくせで判断するものである．

これらの管理点や点検点，管理図を工程のどこで活用するかを工程の流れに沿って整理し，管理の要点を明確にしたものをQC工程表 68 と呼ぶ．したがって， 65 はイが， 66 はカが， 67 はクが， 68 はアが解答となる．

69 　工程で異常が発見された場合は，直ちに異常が起きた原因を調査し，

その原因を取り除く応急処置とともに，二度と異常が起きないように根本原因を追究して対処する再発防止対策 [69] が必要である．この再発防止対策を応急処置に対して恒久処置ともいう．したがって，エが解答となる．

解説 5.1.2

［第 20 回問 14］

この問題は，適切な工程管理の考え方や基本事項についての知識を問うものである．実際の業務における具体的な工程管理の方法を理解しているかどうかが，ポイントである．

解答

[79] キ　[80] コ　[81] オ　[82] イ　[83] カ
[84] ク

① [79] 工程を管理するにあたり，大切なことは，まず管理方法を決めるということである．そして，ただ決めるだけでなく誰もがわかるように文書にするなどの標準化が必要である．その標準に従って，標準どおり実施し，標準どおり実施されているかどうかを確認し，問題がないかを評価し，問題があれば何らかの処置をとるというサイクルを繰り返すことが工程を常に望ましい状態に維持するうえで重要である．この“標準化→実施→確認・評価→処置”という一連のサイクルを英語表記すると“Standardize，Do，Check，Act”となることから，その頭文字をとってこの管理のサイクルを SDCA という．

② [80]，[81] 製造工程の標準化においては，ねらいの品質である設計品質にいかに近づけるか，つまり，いかにばらつきを少なくし，できばえの品質である製造品質を高めていくのかが重要である．そのためには製造工程において，やるべきことを適正に取り決め，そのとおりに実施することが求められる．その取決め，すなわち“作業条件，作業方法，管理方法，使用材料，使用設備その他の注意事項などに関する基準を定めたもの”[18)]が作業標

準である．

ねらいの品質は，製品に対する目標（品質目標）であり，明確にすることが求められる．目標が明確にされれば，その目標を達成するための方法，達成できたかどうかを判定するための基準，その判定の手段を明確にし，実施することで，目標達成が可能となる．よって，80はコ，81はオがそれぞれ正解である．

③　82，83　期待する結果を達成するための方法は，簡単にいうと，やるべきことをしっかりと取り決めてそのとおりにやるということと，やるべきことをよりよく変えていくことである．やるべきことをやるということは，やるべきことを自分で勝手に考えて勝手に行動することではないので，仕事をするうえで自由がきかず，かなりの制約となる．したがって，仕事をするうえでやるべきことを制約条件として，しっかりと伝えることが求められる．

また，やるべきことをやるにしても，ただそのとおりに行っているだけでは進歩がない．所定の手続きを踏みつつも，そこからの創意工夫によってさらによりよく変えていくことが大切で，それこそが改善である．よって，82はイ，83はカがそれぞれ正解である．

④　84　やみくもにモノを作っても，よいモノはできない．製品を製造する際には，製品の特性（物理的性質，化学的性質）をどこまでにするのかを確実に取り決めておくことが大変重要である．この製品の特性である種類・等級・構造・寸法・性能等のねらいとねらいの幅が品質標準となる．これがねらいの品質である．よって，クが正解である．

本問に示された点や文書等を通じて，ねらいの品質が明確にされたうえで実際の製品の製造に入るが，製造段階においてもできるだけねらいの品質に近づけるように，ばらつきの少ない製品を作るための努力が必要である．

5.2 工程異常の考え方とその発見・処置

解説 5.2.1

[第 28 回問 10]

この問題は，日常管理における異常発生やその処置について問うものである．工程の管理用管理図上などで発見した異常に対する判断の誤りやその処置事項について理解しているかどうかが，ポイントである．

解答

56 イ	57 エ	58 ア	59 ウ

図 10.1 の $\bar{X}$–R 管理図の $\bar{X}$ 管理図において No.21 の打点が異常点であったが，R 管理図が管理状態を維持しているということは群間変動が生じていることである．この異常の内容によっては，いろいろな処置が考えられる．

そこで，その異常処置項目とそのねらいについて関連付けをしてみる．

56 “異常の内容によってはラインを止める”とか“次工程や顧客への連絡が必要等急を要する”や“大所高所からの判断と処置の指示を受ける”など，異常発見によってかなり重要な問題につながっているような状況であることが想定される．このケースでは，現場の管理責任者に報告し，処置の指示を受けることが必要である．

よって，イが選択される．

57 “異常の内容によっては，組織的な行動や処置を伴うので，誤った情報を流したくない”や“短期間に確認して正確な情報を提供する必要”ということなので，異常のシグナルに対して本当に異常かどうかを確かめ，正しい情報を伝えて判断を仰ぐ状況である．このケースでは，データや計算・打点位置にミスはないか確認したうえで，正しい情報に基づく判断が必要である．

よって，エが選択される．

58 異常によって“影響の大きさ，影響を及ぼしている範囲の特定”や“一刻も早い復帰を図りたい”ということから，早く異常の原因をつかんで対策を実施しなければならない状況である．このケースでは，異常の原因を早く見つけ処置をとることが必要である．

よって，アが選択される．

59 “問題の特性と因果関係のある工程や要因の情報”とか“現地現物による事実の確認”や“原因の特定や処置の判断に役立つ情報の提供”ということから，工程に関連する管理情報を把握する必要があるといった状況である．このケースでは，該当工程の管理状態を確認して対応処置を決める必要がある．

よって，ウが選択される．

解説 5.2.2

［第 8 回問 14］

日常管理のなかで，異常処置は標準化と共によく出題されている．基本的な異常処置に関する知識を問う問題なので，十分理解しておきたい．

異常処置の一般的な注意事項は 4 点ある．異常を定義する，異常処置の手順・責任権限を決める，早期発見と応急処置，原因追究と再発防止である．設問は，異常を検出した以降の手順についてである．

解答

72 イ	73 カ	74 オ	75 エ	76 ウ

72，73 手順 1 の項目としては，“止める”がふさわしい．そのねらいは，異常品がどのプロセスまで至っているのかという現状の把握と，異常品の流出範囲を特定して広げないことと異常発生時の状況・状態を維持・保存である．よって，72 はイ，73 はカが正しい．

74 手順 2 の異常報告を行う際は，権限のある人に“事実をありのままに，早く”報告することが重要である．よって，オが正しい．

なお，ルールとして，異常報告ルートをあらかじめ決めておくことが重要である．

75　問題文の“問題発生の根拠を明らかにする”とは，つまり“原因究明”の説明であるので，エが正しい．

76　手順５の対策実施を行う際は，原状回復と技術面・仕組み面双方からの未然防止策の検討が大事である．よって，ウが正しい．

異常処置の手順を**解説図 8.14-1** に示す．異常発生後の各手順の番号は，本設問の問題文に従った．

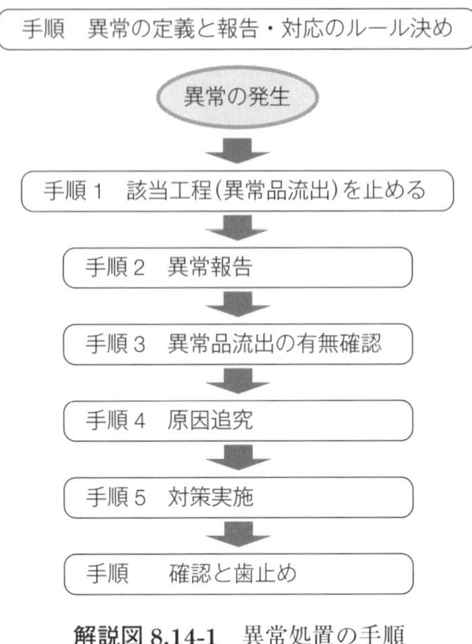

解説図 8.14-1　異常処置の手順

5.3　工程能力調査，工程解析

解説 5.3.1

[第 19 回問 12]

本問は，問題解決型及び課題解決型 QC ストーリーについて問うものである．QC ストーリーのそれぞれのステップにおいて，どのような活動をするか，またそのときに活用できる QC 手法（QC 七つ道具，新 QC 七つ道具など）について理解しているかどうかが，ポイントである．

解答

77 オ　78 ク　79 イ　80 ケ　81 ク
82 オ　83 エ　84 ケ

新しい A 製品の量産に向けてのプロジェクト活動に関する問題である．

77 ～ 79　問題文に，A 製品の要となる H 部品の品質確保にあたって量産時と同じ工程及び条件で生産をするということで，新たにデータをとり，管理図を作成したとあるが，管理図は，その使い方によって 2 種類に分けられる．一つは生産準備段階に該当工程の品質状態を知るための解析用管理図であり，もう一つは量産移行後に工程管理していくために使われる管理用管理図である．ここでは，まだ量産に移行する前の準備段階で用いる管理図について問われているので，77 はオが正解である．

また，管理図を見るときは，次の三つの点に注意する．

1）　点が中心線に対してランダムにばらついている．

2）　点が管理限界線内に収まっている（管理外れがない）．

3）　連，傾向，パターンがない（点の並び方にくせがない）．

これらの点に問題がなければ，工程は統計的管理状態であると考えられる．よって，78 はク，79 はイがそれぞれ正解である．

80 ～ 82　次に，工程能力の評価であるが，一般的に，工程能力指数 C_p の値が 1.0 以下なら，工程能力が不足しているといい，$C_p = 1$ の場合は，工程能力がぎりぎりあるという．さらに，C_p が 1.33 以上であれば工程能力が十分であると評価する．なお，C_p は単に許容限界と工程のばらつきとの関係を示すものであるが，C_{pk} は C_p より工程平均の位置を考慮した評価尺度であるので，工程能力評価の場合には，両方の結果を見て改善の参考にしてもらいたい．

量産時と同じ工程で生産される新製品の H 部品の工程能力は，$C_p = 0.91$，$C_{pk} = 0.89$ と 1.0 以下なので，工程能力不足という評価になる．そこで，チームでは工程能力指数の目標を，一般に工程能力が十分あると評価される値，つまり 1.33 以上に変更することとした．この目標を確保するためには，まず品質のばらつきを低減し，さらに工程平均のずれを小さくしていくような工程改善活動が必要である．特にこのケースでは C_p と C_{pk} の値があまり変わらないため，工程平均の位置にはあまり問題がないと考えられ，ばらつきに対して優先的に取り組む必要がある．よって，**80** はケ，**81** はク，**82** はオがそれぞれ正解である．

なお，上記のような改善ステップについては，JIS Z 9020-2:2016“シューハート管理図”内の“図 4　工程改善のための方策”（**解説図 19.12-1** 参照）に工程管理及び工程改善への基本的なステップを説明する指針として手順が示されているので参考にするとよい．

83 また，改善活動に取り組んでいくうえで使われる手法として，新 QC 七つ道具がある．言語情報をもとに重要な問題の絞込みや重点方策の明確化など複雑に絡む問題解決によく使われるもので，未知なる分野や漠然としたテーマに対して，アイデアや意見などの言語情報の類似関係を整理，分類する手法である．

会話の内容から，重要であると絞り込んだ 3 項目の解決のために必要な手段・方策をより具体的に明らかにしていく手法があてはまると考えられるので，ゴールに至るための手段や方策となる事柄を系統づけて展開していく系統図法を選択できる．よって，エが正解である．

なお，イの連関図法は，この会話において“重要と考えられる 3 項目に

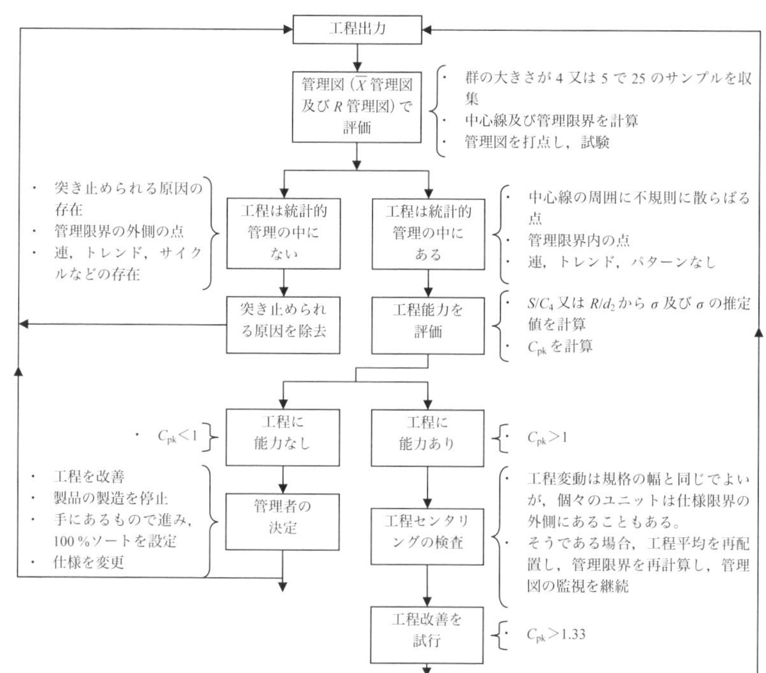

注記　最適な群の大きさは，群内変動及び群間変動の成分に応じたものである。

解説図 19.12-1　工程改善のための方策（JIS Z 9020-2:2016 図 4）[7)]

絞り込んだ”とあるような重要度づけした項目に対して，絡み合った因果関係や要因間の関係を明らかにし，重要な問題と要因が何かを明確にしていく方法であり，問題の因果関係を明らかにしたいときに用いられる手法である．

84　会話でのリーダーの言葉から，ここには限られた日程の中での進捗管理に用いる手法があてはまると考えられるので，取組み期間が短いとか，解決の作業が集中して複数あって，複雑に関係しているような場合に，各作業の関連や日程のつながりを連結して全体の日程計画を最適な形で立案し，効率的な進捗状況を把握するための手法であるアローダイアグラム法を選択できる．よって，ケが正解である．

第5章

解説 5.3.2

[第 21 回問 12]

この問題は，新製品開発段階での工程能力向上に関して，改善の取組み方や要因に対する解析の仕方などを問うものである．重要な品質特性の分布から工程能力評価の見方や重要な品質特性に対する条件管理水準との関係調査のための実験の進め方などを理解しているかどうかが，ポイントである．

解答

66 ウ	67 イ	68 ク	69 キ	70 コ

① 66, 67 重要な品質特性に対する工程能力を確認するために，量産試作のデータを取り問題内の図 12.1 に示される度数分布を得た．この図からわかることは，分布の幅の大きさから，ばらつきが大きく規格の幅からも外れていること，また，平均値も規格中心から下限側に偏っていて工程能力が不十分な状態にあるということである．よって，66 はウ，67 はイがそれぞれ正解である．

② 68, 69 今回の問題となっている当該特性について，問題内の“図 12.2 保証の網”において“工程”の各欄を確認すると成形工程と検査工程の二つの工程で何らかの印がある．検査工程における印は“試験・検査実施”を示すものであり，当該特性は成形工程で作り込まれていることがわかる．よって，68 はクが正解である．

また，“試作品質評価状況”欄を確認すると，問題文のとおり，“今回の問題”は，1 次・2 次試作時の評価では発生しておらず量産試作評価の段階で初めて発見されたものであったことがわかる．このことから 1 次・2 次試作段階と量産試作段階との違いを調査することで，結果的に技術部門と製造部門とで保有する成形機の違いが品質評価の違いに影響した可能性があることが判明したわけである．よって，69 はキが正解である．

③ 70 重要な品質特性について工程能力が不十分な状態を改善するために，特性要因図などの QC 手法を活用して重要な特性に影響が大きいと思わ

れる要因を抽出し，その要因である製造条件の水準を変化させて重要な品質特性への影響を確認する実験を行った．問題内の図 12.3 は横軸に製造条件の水準を取り，その重要な品質特性の結果との散布図で示したものである．この図に示された実験結果から，製造条件の水準を上限及び下限に条件管理すればばらつきも平均のずれも小さくすることができるとわかったことから，重要な特性を規格の上下限におさめるめどが立ち，工程能力向上のための糸口をつかむことができたと考えられる．よって，コが正解である．

以上のように試作段階から量産段階への移行時の諸問題を要因解析や実験などによって解明した条件を QC 工程表などに標準化し，日常の工程管理による維持及び改善活動をしていくことが重要である．

5.4　変更管理，変化点管理

解説 5.4.1

［第 9 回問 11］

この問題は，初期流動管理，変更管理，変化点管理など製品実現段階における管理方法に関する基本的知識を問うものである．初期流動管理，変更管理，変化点管理といった管理に関する用語の定義とねらいを理解しているかどうかが，ポイントである．

解答

60 キ　61 ア　62 オ

60　何かを変えると何かが起こる．何かが変わったときは，問題が起こることを前提にして，慎重に対応することが必要である．製品を生産する場合に，ある程度長い期間生産していれば，工程も安定し問題が発生することも少ない．しかし，量産の立ち上げ段階や，工場の移転，生産技術や生産方式が変更された場合は予期しない問題が生じることが多い．このような工程変更が行われる際には，工程の安定が確認されるまで，予期しない問題の発生を迅速に検知するために，より厳密な管理が必要となる．これを初期流動 60 管理という．したがって，キが正解である．

61　何かを変えると何かが起こる．これは，設計の変更についても同じことがいえる．設計変更される場合も，変更にかかわる製品への影響を適切に評価し確認することが重要である．JIS Q 9001 においても設計・開発の変更管理に対する要求事項があり，変更に対して，レビュー，検証及び妥当性確認を適切に行うことを求めている．設計のアウトプットであるドキュメントを中心に行われる場合が多いが，追加の試験，実証が行われる場合もある．これらの設計変更にかかわる管理のことを変更 61 管理という．したがって，アが正解である．

62　4M とは“製造工程においてばらつきを生じさせる原因の大分類で，①

作業者（Man），②機械・設備（Machine），③材料（Material），④作業方法（Method）のこと”[2)]をいう．これら4Mが変化した場合に，不適合の発生が多いことが経験上わかっている．4Mの変化とは，例えば，ある工程の作業者が交代し新しい作業者になった場合，新しい機械に入れ替えた場合，材料の供給者を変えた場合，作業手順を変更した場合などがある．このようにばらつきを生じさせる原因となる4Mの変化点をしっかりととらえ，悪い影響を及ぼす変動を未然に防ぐことが重要である．このことを変化点 **62** 管理という．したがって，オが正解である．

5.5　検査の目的・意義・考え方，検査の種類と方法

解説 5.5.1

［第15回問16］

この問題は，検査及び試験の概要を問う問題である．検査及び試験の目的や用語の正しい知識を理解しているかどうかが，ポイントである．

解答

86	×	87	○	88	○	89	×	90	○

① 86　ここでのポイントは“第二者検査”である．通常，供給側を第一者，購入側を第二者とするが，この問題文では供給側のみが検査を実施しており，受入れ側（購入側）は検査を実施していない．このことより，“第二者検査”ではなく“第一者検査”であるので，×が正解である．

② 87　不適合の定義そのものである．不適合は単に製品やサービスがその要求スペックを満たさないことだけではなく，それを生み出す過程（例えば標準や要員，マネジメントシステムなど）も含めて規定された要求事項を満たしているかどうかを考慮する必要がある．よって，○が正解である．

③ 88　検査は実施される生産活動の段階に応じて，受入検査・工程間検査・最終検査・出荷検査などさまざまな呼ばれ方をするが，どの段階においても製品やサービスを規定要求事項と比較して，適合しているかどうかを判定し，後工程や顧客に不適合な製品やサービスを引き渡さないようにしているので，○が正解である．

④ 89　サンプルの抜取方法は，単に供給者と購入者が半分ずつ抜き取るといった単純なものではなく，その品質特性やロットの合否判定基準，生産者あるいは消費者危険のバランスなどにより，個々の検査に対して決めるものである．よって，×が正解である．

⑤ 90　最終検査で得られる適合／不適合のデータを前工程にフィードバックし，不適合の再発防止や未然防止につなげていくことが，顧客に安定し

た適合品を供給していくうえで大切なことであるので，○が正解である．

解説 5.5.2

［第 20 回問 17］

この問題は，製品に関する検査の場面に応じて関係する用語を問うものである．検査の目的，意義，適合／不適合の考え方などについて理解しているかどうかが，ポイントである．

解答

96 ケ　97 キ　98 オ　99 ウ　100 エ

① 96 検査では，最初に検査を行う対象を決める必要があり，本問では，“1,500 個の製品の中から，実際に測定する製品を選び出した”とある．これは検査対象を 1,500 個すべてではなく，そこから決められた数を抜き取って検査を行うということである．この抜き取る行為をサンプリングという．したがって，ケが解答となる．

② 97 本問では，検査を行う前に検査器（測定装置）を準備し，ボタン A，ボタン B の調整を行っている．このことから，最も適切な選択肢は，使用前の調整・確認であることがわかる．したがって，キが解答となる．

③ 98 本問では，一度測定を行ったが，表示された小数点以下 2 けたであった値を丸めて小数点以下 1 けたにして規準フォーマットに記録したとあり，測定された値をどれくらいの単位まで記録するかを決めている．このことから，最も適切な選択肢は，測定単位となる．したがって，オが解答となる．

④ 99 本問では，測定した値に基づき，“適合品”か“不適合品”かについて判断を行っている．これは品質に関する判定行為となるので，最も適切な選択肢は，品質判定基準となる．したがって，ウが解答となる．

⑤ 100 本問では，“選んだ製品”とあるので，この文章から全数に対する検査ではないことがわかる．さらに，選んだ製品がすべて“適合品”である

ことからその日に生産したすべてを“合格”としている．これは抜き取った製品の検査結果からその日に生産したロットの判定を行っているので，最も適切な選択肢は，ロット判定基準となる．したがって，エが解答となる．

解説 5.5.3

［第 18 回問 16］

この問題は，検査の考え方について，計数型と計量型の違いや，ランダムサンプリング，官能検査（官能評価），計測精度などの基本的な考え方を問うものである．

一つひとつの製品の品質を正しく検査するには，製品の特性に合った検査方法を選択することが必要である．本問では，こうした検査法の選択につながる検査の特性を理解しているかどうかが，ポイントである．

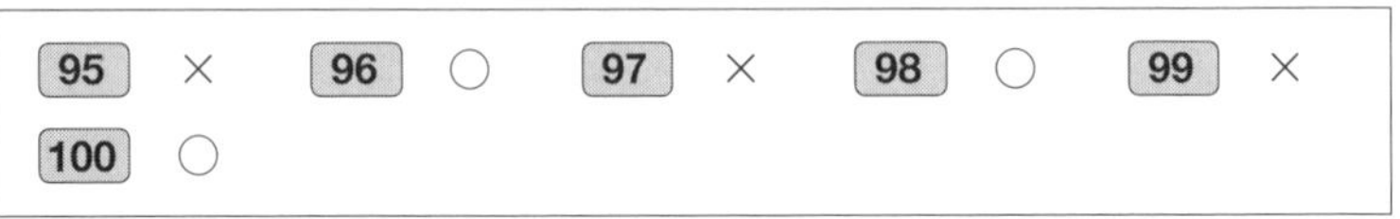

95 ×　96 ○　97 ×　98 ○　99 ×　100 ○

① 95 計数抜取検査とは，サンプル中の不適合品数や不適合数を検査することによってロットの適合／不適合を判定するもので，個々の製品の検査自体は簡便だが，その反面，判定の精度を確保するため多くのサンプルを必要とする．一方，計量抜取検査では，製品の特性を数量で計測することによってロットの適合／不適合を判定するので，計数抜取検査と比べて検査に要するコストは比較的大きくなるが，サンプルは少なくて済む．よって，正解は×である．

② 96 無試験検査は，過去の実績や技術ノウハウに基づき，試験を省略していると考える．よって，正解は○である．

③ 97 ランダムサンプリングは，抜取検査の結果を全数検査に近づける手段ではあるが，ある程度のサンプリング誤差は避けられず，両者は同じ判定結果にはならない．よって，正解は×である．

④ 98 官能検査（官能評価）は，検査員の五感を使用しているため，検査員によるばらつきが存在する．この検査員によるばらつきを低減するには，判定において基準との比較を厳密にするなど，できるだけ客観的な判定になるような工夫が必要である．よって，正解は○である．

⑤ 99 測定精度には，かたよりの大きさとばらつきの大きさがある．したがって，かたよりのみへの対応では不十分であり，ばらつきへの対応が必要である．よって，正解は×である．

⑥ 100 JIS Z 9003 で規定する計量規準型抜取検査には，保証する対象がロットの平均値の場合と，ロットの不適合品率の場合がある[6)]．よって，正解は○である．

解説 5.5.4

[第 24 回問 8]

この問題は，検査の種類と方法に関する基本的な知識を問うものである．検査方法による分類として，全数検査，抜取検査，無試験検査があるが，それぞれの特徴や違いについて理解できているかが，ポイントである．

解答

49	ウ	50	オ	51	イ	52	ク	53	キ
54	ア	55	ク	56	オ				

① 49 全数検査とは，選定された特性について，検証対象とするグループ内すべてのアイテムに対して行う検査である．自動検査機による検査などのように検査に要する費用が極めて安価で，検査費用に比べて得られる効果が大きい場合や，安全・法規など人命にかかわる重要な品質特性で不適合品が少しでも混入すると重大な結果につながるおそれがある場合などには全数検査が採用される． 49 は，この重要な品質特性に関する項目を選択肢から選ぶと“安全”が該当する．よって，ウが正解である．

② 50 ～ 52 全数検査から抜取検査に移行する際に注意が必要な内容を，

問題文の“～に抵触しないよう注意が必要である”から考えると，“抵触”に着目して用語をつなげると選択肢の“契約”が当てはまる．よって，50 はオが正解である．

また，重要な品質特性でも**破壊検査**のように検査の性質によって全数検査が行えない場合や，ロット内にある程度の**不適合品**の混入が許される場合などは抜取検査が採用される．よって，51 はイ，52 はクが正解である．

③ 53 抜取検査を大別すると，計量値抜取検査と計数値抜取検査に二分される．また，計数値抜取検査には，代表的な型として規準型と調整型がある．

計数規準型抜取検査の特徴は，**売手に対する保護**と**買手に対する保護**との二つを規定して，売手の要求と買手の要求との両方を満足するように組み立てられた検査方法である．よって，キが正解である．

④ 54～56 無試験検査とは，過去の成績から品質情報・技術情報などに基づいて，検査のためのサンプルの試験を**省略**する検査のことである．よって，54 はアが正解である．また，試験を省略するということは，工程が**安定**状態にあることが望ましいということである．よって，55 はクが正解である．もし，無試験検査を実施している項目であっても，工程に異常や管理外れが出た場合には，そのロットに対しては試験をして品質に異常がなかったかどうかの確認が必要である．また，長い間には 4M（作業者，設備，材料，作業方法）などにより品質が**変化**する場合があるので，適当な間隔をおいて定期的に品質のチェックをする必要がある．よって，56 はオが正解である．

5.6　計測の基本，計測の管理，測定誤差の評価

解説 5.6.1

［第 14 回問 15］

この問題は，計測における測定誤差に関する基本的な知識を問うものである．測定誤差の成分や誤差の原因及び精度について理解しているかどうかが，ポイントである．

解答

87 イ	88 カ	89 オ	90 ウ

87，88　測定誤差とは“測定値から真の値を引いた値”と定義している（JIS Z 8103）[1]．その測定誤差は，かたよりの成分とばらつきの成分に分類される．

- かたよりの成分：かたより（bias）とは，測定値の母平均から真の値を引いた値をいい，かたよりの小さい程度を“真度または正確さ”（trueness）という．真度の尺度は，通常かたよりで表現される．
- ばらつきの成分：ばらつきとは，測定値の大きさがそろっていないこと．また，ふぞろいの程度のことをいい，ばらつきの小さい程度を“精度または精密さ”（precision）という．ばらつきの大きさを表すには，例えば，標準偏差を用いる．

よって，87 はイ，88 はカが正解である．

89，90　計測して得られた情報には必ず多種多様な測定条件（測定者の状態，測定方法のばらつき，環境，使用条件など）が影響して計測の誤差が生じる．

同一試料の測定において，方法・人・施設・装置のすべてが同一とみなされる繰り返し性条件（このことを JIS Z 8101-2 で併行条件という[2]）下で，短時間のうちに測定を繰り返し行って得られた観測値・測定値の精度のことを併行精度（repeatability）といい，繰り返し精度ともいう．

第５章

よって，89 はオが正解である．

一方，測定材料，測定方法は同じで，試験施設又は測定施設・人・装置が異なる繰り返し性条件（このことを JIS Z 8101-2 で再現条件という[2)]）下で，得られた観測値・測定値の精度のことを再現精度（reproducibility）という．

よって，90 はウが正解である．

解説 5.6.2

［第 19 回問 14］

この問題は，計測に関する知識を問うものである．計測機器の校正の定義や実施時の考え方，測定値の性格について理解しているかどうかが，ポイントである．

解答

90	×	91	○	92	○	93	○	94	○

① 90 管理対象の計測機器の校正を“必ず”認定された校正機関で行わなくてはならないということになると，すべての会社のすべての対象機器の校正について実施しなければならず，時間も費用もかかるため現実には不可能である．また，計測機器個々の測定値の正当性を保証することは必要であるが，校正に対して“公平性を期する”必要はない．よって正解は×である．

なお，JIS Q 9001:2015“品質マネジメントシステム―要求事項”では，7.1.5.2 に“監視機器及び測定機器の管理”に関する要求事項の一つとして“定められた間隔で又は使用前に，国際計量標準又は国家計量標準に対してトレーサブルである計量標準に照らして校正若しくは検証，又はそれらの両方を行う．そのような標準が存在しない場合には，校正又は検証に用いたよりどころを，文書化した情報として保持する．”[9)] という規定があるが，その校正や検証を行う機関についての指定までは含まれていない．

② 91 校正周期については，JIS などの規格では定められていない．ま

た，同じ計測機器でも使用頻度や使用環境，使用条件等が異なる場合，校正が必要な時期も異なる．よって校正周期は一律でなくてもよく，正解は○である．

③ **92** 校正は計測機器と標準器との誤差を確認することであり，誤差を小さくする調整は含まれない．JIS Z 8103:2000“計測用語”における“校正”の定義でも“計器を調整して誤差を修正することは含まない”[10]と規定されている．同 JIS における校正の定義を以下に示す．

> “計器又は測定系の示す値，若しくは実量器又は標準物質の表す値と，標準によって実現される値との間の関係を確定する一連の作業．
>
> 備考　校正には，計器を調整して誤差を修正することは含まない．”[10]

校正された機器であっても正しい測定値を得るためにゼロ点調整が必要なことがあるため，正解は○である．

④ **93** 問題文に“同じ対象を繰り返し測定して，平均する”とあることから，正規分布に従うサンプルサイズ n の平均値の分布を考えるとよい．平均 μ, 標準偏差 σ の正規分布の平均値の分布は，平均 μ, 標準偏差 $\sigma/\sqrt{n}$ の正規分布に従う．ここで，サンプルサイズ n は問題文では“測定の繰り返し数”であるので，n の値が大きくなれば標準偏差 $\sigma/\sqrt{n}$ の値は小さくなり，ばらつきは小さくなる．よって正解は○である．

⑤ **94** 鋼製巻尺は，文字どおり“鋼製”であり金属を使用している．また，温度により伸び縮みが生じるため，JIS B 7512:2005“鋼製巻尺”では長さの許容差に関する規定内で基準の温度を 20℃としている[11]．測定時には気温を確認して各鋼製巻尺に応じた補正を行うと誤差が小さくなる．よって正解は○である．

なお，鋼製巻尺は，“温度”のほかに“張力”，“たわみ”についても補正が必要な場合があり，巻尺ごとに補正式や補正値が設定されている．

解説 5.6.3

［第 23 回問 10］

この問題は，計測機器の選択と精度管理について問うものであり，点検と校正の目的の違いや測定の誤差と精度に関する知識が求められている．適切な工程管理や検査を実施するうえでも計測機器の精度管理は重要であり，より実践的な知識が必要である．

解答

58	エ	59	オ	60	ア	61	オ	62	カ
63	ア								

① 58 例えば，長さが 100 mm の物を測定するとき，1 cm 単位のものさしでは無理であろう．仮に 1 mm 単位のものさしがあったとしても，せいぜい 99.5 mm から 100.5 mm の間にあるかどうかくらいしかわからない．やはり 100 mm の物を測定するには，0.1 mm かそれ以下の単位で測定できる計測機器が望まれる．これからも，求められている品質特性の精度より，**高い** 58 精度の計測機器を選定する必要があることがわかる．よって，エが正解である．

② 59, 60 計測機器を使用する際には，計測機器が正しく動作することを始業前に確認することが大切である．また，求められている精度が維持されているかどうかも確認する必要がある．精度が維持されているかの確認は，**基準器** 60 と照合することによって行われる．また，精度管理は，始業前の点検だけでなく，定期的に標準となる基準器によって，計測機器が示す値と標準によって示される値の関係を確認することが必要である．このことを**校正** 59 （較正）という．よって 59 はオ，60 はアが正解である．

なお，計測に関する用語について規定した JIS Z 8103 では，校正を“計器又は測定系の示す値，若しくは実量器又は標準物質の表す値と，標準によって実現される値との間の関係を確定する一連の作業”[2] と定義している．

③ 61 ～ 63 校正（較正）の結果により，計測機器の合否判定が行われる．

合否判定の際には，まず基準値からどの程度外れているかを基準値と実際の測定値の差をもって評価することになり，この差を**かたより** 61 という．一方，例えば，ノギス等の長さ測定に用いられる計測機器は，10 mm 程度の長さを測定する場合もあれば，200 mm 程度の長さを測定する場合もあるので，ある長さの一点だけでかたよりを評価するのは好ましくない．したがって，測定範囲全体でのかたよりの変化を評価する必要がある．この測定範囲でのかたよりの変化を**直線性** 62 という．ノギスの例では，測定範囲の小さいところと大きいところの 2 点を測定した場合，かたよりが直線的に変化しているのであればよいが，曲線的に変化している場合は，かたよりの変化が検出できないことになる．したがって，校正を行う際には，測定範囲における **3** 63 点以上の測定値とその真値を用いて確認することが必要となる．よって，61 はオ，62 はカ，63 はアが正解である．

JIS Z 8103 では，直線性を“入力信号と出力信号との間の直線関係からのずれの小さい程度”と定義している．

ほかにも，かたよりの時間経過によって変化がない度合いを“安定性”といい，計測に人がかかわる場合などにおいて，測定者間のばらつきを“再現性”，測定者自身のばらつきを“繰返し性”という．これらについても分析，評価することが望ましい．

JIS Z 8103 では，**安定性**を“計測器又はその要素の特性が，時間の経過又は影響量の変化に対して一定で変わらない程度若しくは度合い．”[2]，**再現性**を“測定条件を変更して行われた，同一の測定量の測定結果の間の一致の度合い”[2]，**繰返し性**を“同一の測定条件下で行われた，同一の測定量の繰返し測定結果の間の一致の度合い”[2] と定義している．“繰返し性”を“併行精度”ともいう[3]．

第5章

5.7 官能検査，感性品質

解説 5.7.1

［第 13 回問 16］

この問題は，官能検査の基本事項について問うものである．官能検査の概要や実際に活用するときのポイントなどは理解しておきたい．ただし，現在は JIS Z 9080 で定義されている“官能評価”という用語が広く使われている．

解答

89 ○　90 ×　91 ×　92 ×　93 ○
94 ○

① 89 旧 JIS Z 8101 では，官能検査を“人間の感覚を用いて品質特性を評価し，判定基準と照合して判定を下す検査”[8) と定義しており，問題文はまさにこれに該当しているので，○が正解である．

② 90 官能検査（官能評価）は，測定器を用いた検査などとは異なり，人間の感覚的な評価であることにより，実際に行う際に配慮すべき点が多い．その中の一つとして，官能検査ではその検査を行う環境の影響を大きく受けることが挙げられる．このため，それらの影響を取り除くために検査を行う環境は極力一定状態を保つ必要がある．よって，×が正解である．

③ 91 官能検査の判定は適合・不適合の判断だけではなく，例えば，“よい・悪い”以外に“非常によい・ややよい・どちらでもない・やや悪い・非常に悪い”といった尺度をデータとする場合も多い．このような場合は，たとえデータをスコア化した場合でも人間の感覚を用いた検査であることに変わりはないので官能検査である．よって，×が正解である．

④ 92 官能検査は人間が判断を行うため，その判定は個人差が大きく，それを考慮することは非常に大切である．問題文のように一度検査を行った製品に対し，他の評価者が評価を行わないと，この個人差がわからなくなってしまうので，×が正解である．

⑤ **93** 前問で述べたように複数の評価者では個人差が大きくなる．しかし順位相関係数などの統計量を求めて，評価の一致程度を見ることができ，これを順位法と呼んでいる．よって，○が正解である．

⑥ **94** 判定のばらつきを小さくするために，しばしば限度見本が用いられる．限度見本はもともと数値などでは表示することができないあいまいな基準のものにつき，見た目での判断となるケースなどに要するもので，写真や現物がよく用いられる．限度見本には適合の限度見本，不適合の限度見本があり，実際の検査でもその両方，あるいはどちらかを用いて検査を行うので，○が正解である．

2　級

第 6 章

品質経営の要素

解説

6.1 方針管理

解説6.1.1

[第16回問9]

この問題は，方針管理の考え方や進め方，及び用語について，基本的な知識を問うものである．方針管理に関して，方針の展開，PDCAとの関係，トップマネジメントの役割などを理解しているかどうかが，ポイントである．

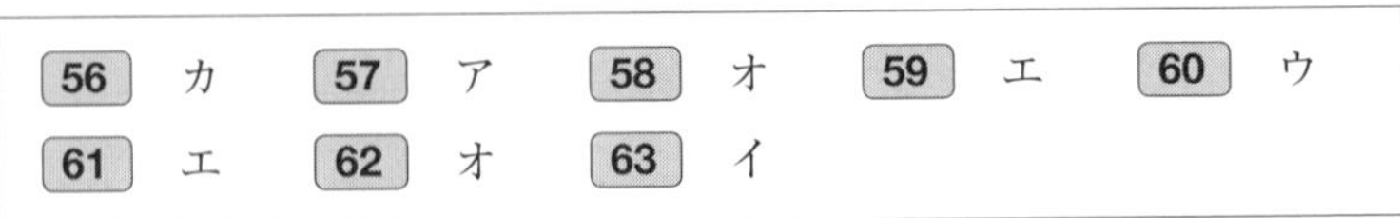

56 カ	57 ア	58 オ	59 エ	60 ウ
61 エ	62 オ	63 イ		

方針管理とは，“経営基本方針に基づき，長・中期経営計画や短期経営方針を定め，それらを効果的・効率的に達成するために，企業組織全体の協力のもとに行われる活動”[6] である．前半①～③は，方針管理の定義や展開について，後半④～⑦は用語についての問題である．

56, 57 方針管理の推進活動の便益の一つに“重点志向に基づく，組織の使命，理念及びビジョンの達成”がある[4]．またPDCAサイクルを継続的に回すことによって，一段と高い目標（パフォーマンス）の達成も可能となる．56及び57の空欄に続く助詞が文章としてスムーズにつながるかどうかも考慮したい．文意から56はカの“重点指向”，57はアの“現状打破”が正解である．

なお，選択肢では重点指向と記載されているが，JIS Q 9023:2003では，重点志向となっている（いずれの字も使用されている）．

58 方針の策定には，近視眼的ではなく中長期的な見方が求められる．したがって，正解はオである．

59 方針管理は，トップマネジメント（企業・組織の最高首脳部．社長や役員）が意図を明確にし，リードする．したがって，正解はエである．

以下，60～63は用語の定義を問う問題である．

60 問題文の“経営層によって策定”という部分がキーワードとなる．正解はウの“中長期計画”である．

61 問題文の“重点的に取り組み達成すべき事項”がキーワードとなる．正解はエの“重点課題”である．

62 問題文の“目指す到達点”がキーワードとなる．正解はオの“目標”である．

63 問題文の“手段”がキーワードとなる．正解はイの“方策”である．

解説 6.1.2

［第12回問12］

この問題は，方針管理の考え方や進め方について，基礎的な知識を問うものである．方針管理に関して，方針の展開，機能別管理と部門別管理，管理項目などを理解しているかどうかが，ポイントである．

解答

60 ク　**61** ア　**62** ケ　**63** オ　**64** ウ　**65** イ

60 問題文の“関連する部署”，“部門横断的”という言葉がキーである．選択肢に“機能別管理”があることから，正解はクである．

なお，機能別管理とは，“品質，コスト，量，納期などの経営基本要素ごとに全社的に目標を定め，それを効果的・効率的に達成するため，各部門の業務分担の適正化を図り，かつ部門横断的に，連携，協力して行われる活動”[4)] である．

61 問題文の“方針を実現するために”という言葉がキーなので，“方針展開”と考えてよい．正解はアである．

なお，JIS Q 9023:2003“マネジメントシステムのパフォーマンス改善—方針によるマネジメントの指針”では，“方針の展開”を“方針に基づく，上位の重点課題，目標及び方策の，下位の重点課題，目標及び方策への展開”[5] として定義している．

62 問題文の“それぞれの活動でどれだけの目標値とするか”という言葉がキーである．調整の意味合いがあるので“すり合わせ”と考える．正解はケである．

63 問題文の“それぞれの部署”，“各部署”，“与えられた責任を果たす”という言葉がキーである．“部門別管理”と考えてよい．正解はオである．

なお，部門別管理とは，問題文のように，“方針管理でカバーできない通常の業務について，各々の部門が各々の役割を確実に果たすことができるようにするための活動”[4] である．

64 問題文の“チェック”，“結果がどのようになったか”という言葉がキーである．“管理項目”と考えてよい．正解はウである．

なお，管理項目とは，“目標の達成を管理するために，部門又は個人の担当する業務について，目標又は計画どおりに実施されているかを判断する評価尺度として選定した項目”[6] であり，管理点ともいう．

65 問題文の“チェックする項目”という言葉がキーなので，管理項目のうち，原因をチェックする項目を指す“点検項目”と考える．正解はイである．なお，点検項目は点検点ともいう．

この問題文は丁寧に記述されているので，落ち着いて読解すれば，知識不足であっても十分推量することができる．なお，方針管理の分野で，この選択肢の中の“エ．工程管理”，“カ．達成管理”，“コ．ねり合わせ”という用語は使われない．

解説 6.1.3

［第 14 回問 11］

この問題は，方針管理の推進方法について問うものである．方針管理に関した用語を理解しているかどうかが，ポイントである．本問はやや詳細な内容に踏み込んでいる．

解答

53	オ	54	ウ	55	ウ	56	オ	57	エ
58	ア	59	エ						

問題文は，その中に記されているようにJIS Q 9023:2003“マネジメントシステムのパフォーマンス改善—方針によるマネジメントの指針”からの引用に基づくものである.

① 53, 54 中長期経営計画及び方針の策定の設問は，JIS Q 9023の4.3.1項からの引用によるものである．組織・企業のマネジメントプロセスのスタートは前期の反省から始まる．そこで問題点や重点課題 53 が抽出される．その対応に具体的な方策 54 が立案される．具体的な“日程”ではないかとも思案されるが，計画や方針の策定のプロセスであるので日程はふさわしくない．よって，53 はオ，54 はウが正解である.

② 55, 56 方針の展開及び実施計画の策定の設問は，同じくJIS Q 9023の4.3.2項からの引用によるものである．組織はその方針を展開するにあたって，上位と下位の重点課題や目標に整合性がなければならない．すなわち，下位の重点課題や目標の達成 55 によって，上位のそれが達成されるのである．その際，経営のための資源 56（人，モノ，金，情報）の裏付けが肝要である．上位の重点課題や目標が下位のそれによって制御されることはない．よって，55 はウ，56 はオが正解である.

③ 57, 58 実施状況の確認及び処置の設問は，同じくJIS Q 9023の4.3.3項からの引用によるものである．組織は方針が予定どおり推進されているか否かをチェックしなければならない．そのためにはチェックの確認の仕組み 57（制度）が必要である．また，トップマネジメント（社長などの上級役員）は実施状況を自ら確認，診断 58 することが望ましい．よって，57 はエ，58 はアが正解である.

④ 59 実施状況のレビュー及び次期への反映の設問は，同じくJIS Q 9023の4.3.4項からの引用によるものである．組織の成果（パフォーマン

第6章

ス）を継続してあげるには実施結果のレビューを行い，新たな課題や継続する問題点を次期の方針 59 や計画へ反映しなければならない．よって，エが正解である．

解説 6.1.4

［第8回問11］

この問題は，方針管理の仕組みについて問うものである．トップマネジメントがリーダーシップをとり，管理職から現場に至るまでの各段階の要員が，それぞれの部門での取り組みを通じて同じ目標を目指すと同時に，営業・開発・生産等の各部門間で十分連携をとり，組織全体の活動として行う方針管理の内容を理解しているかどうかが，ポイントである．

解答

52 エ　53 オ　54 ウ　55 ア　56 イ

①52～⑤56　方針管理では，全員の進むべき方向や目標が明確になっていなければならない．そのため，企業トップは会社の経営理念・経営方針及び中期計画等を受け，品質管理方針を含めた年度方針を打ち出す必要がある．そして，その方針を職員に展開し，浸透させなければならない．

各部門は，トップ方針を踏まえて方針達成のための計画と具体的方策，さらに方策の実施計画を立案し，これを実施・推進していくことになるが，実施後には方針達成状況のチェックと反省・処理が必要となる．ここでは，全社的品質管理の立場からしてもトップ診断（監査）が必要となろう．このようにして方針管理としてのPDCAサイクルが回され，次年度の方針は前年度の反省に基づいて打ち出されることになる．

このサイクルを踏まえたうえでこの設問を考えると，まず，必要となるのが市場動向，社会などの組織を取り巻く環境，および自己の経営資源の実態に関する情報を十分に収集し，分析する中長期経営計画 55 の策定の仕組みである．

ポイント解説

方針管理の仕組みについて

方針の展開・推進運営の仕組みの例を次の図に示す.

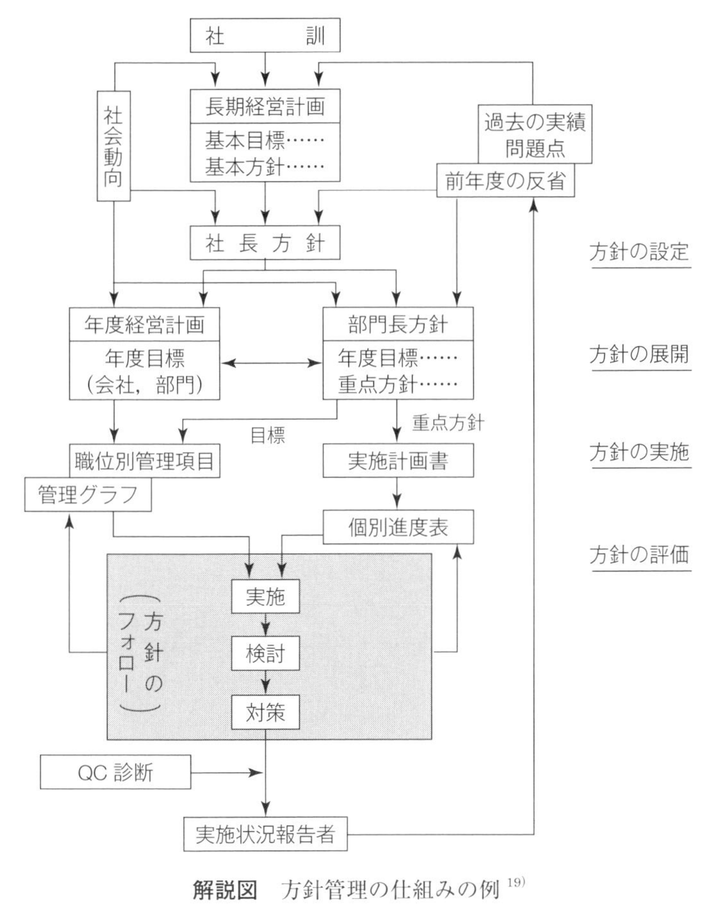

解説図　方針管理の仕組みの例 [19)]

次に，最終的な目標値，途中段階での目標値，処置限界，確認の頻度等の管理項目の設定 54 の仕組み，その後，部門の方針が達成された場合の上位方針への影響等，上位方針と部門の方針との関連を検討する，方針の展開 56 の仕組みを経て，目標・方針が計画どおり進んでいない場合，その原因の究明やとるべき処理を実施しているかどうかを確認する，実施状況の確認 52 の仕組みと続いていく．

最後に，必要となるのが，トップマネジメントが三現主義（現場・現物・現実）によって現場における方針の展開，実施状況，現場の実態と課題，管理者の能力などを，コミュニケーションの場で確認し，提案する診断 53 の仕組みであり，このサイクルが継続的に回されていくことが望ましい．したがって，52 はエ，53 はオ，54 はウ，55 はア，56 はイがそれぞれ正解である．

解説 6.1.5

［第 21 回問 13］

この問題は，方針管理の定義と活動の実施ステップ（手順）について，基本的な知識を問うものである．方針管理の運用手順についても理解しておきたい．

解答

71	エ	72	カ	73	ク	74	オ	75	ウ
76	キ	77	ア	78	ケ				

① 71 ～ 73 方針管理の定義について記述した文章の穴埋めである．紛らわしい箇所もあるが，後述の②の手順を示す問題にもここで選んだ選択肢をあてはめることになるので，双方に最もふさわしい選択肢を選ぶとよい．

方針管理は，“経営基本方針に基づき，長・中期経営計画や短期経営方針を定め，それらを効果的・効率的に達成するために，企業組織全体の協力のもとに行われる活動”[2)] である．換言すると，企業・組織としての方針に基づく重点課題について，その目標値達成のために，関係部署が協力して具体的な方策（手段）を講じる活動である．71は，すぐ前にある“重点”とつなげられる言葉として，選択肢カの“目標”あるいはエの“課題”が候補となる．方針管理に関する問題なので，“目標”ではないかと考えるかもしれないが，仮に71で“目標”を選んだとすると，72は“課題”となろう．その場合，実際にあてはめてみると“課題達成”は意味が通じるが，“課題と課題達成”ではやや違和感がある．ここは，“課題を明確にし，～目標と目標達成”としたほうが文脈上自然である．よって，71はエ，72はカがそれぞれ正解である．

また，73には，“方策”又は“作業手順”が候補となるが，ここで述べている内容に対して“作業手順”では意味が狭くなってしまうので，方策を選ぶ．よって，73はクが正解である．

② 74～78　ここからが実施ステップ（手順）についての問題である．手順1の文中にある74は，空欄の前後を参照すると“使命”，“ビジョン”と“・”で結ばれ並列になっていることからこれらの同義語を選べばよいことがわかり，選択肢から“理念”を選択できるので，74の正解はオである．また75は中長期の経営“計画”とつながることがわかるので，正解はウとなる．

手順4の76は，文意から成果をチェックするためのものなので，カの“結果”やキの“管理”が候補になるが，“結果”とすると文中にあてはめた際に合わない箇所があるため，ここは“管理”グラフ，“管理”資料と考えるのがふさわしい．よって，76の正解はキである．

手順5の問題文にあるように，トップが各部門に出かけて方針の推進状況を視察することを“トップ診断”という．よって，77はアを選ぶことができる．なお，エにある“第二者監査”とは，該当企業・組織に対して，その製品やサービスの購入者やその代理人が行う外部監査を指す．また，この選択肢には含まれていないが，“第三者監査”とは，外部の独立機関が行う外部監査である．

最後に 78 であるが，方針管理の活動の流れからすると，この手順6の内容は当初設定した目標と実際の結果の差を確認しているものと考えられる．よって，“反省”とも考えられるが，選択肢にはないことから，差異分析がふさわしく，78 の正解はケである．

6.2　機能別管理

解説 6.2.1

[第 10 回問 10]

この問題は，方針管理や機能別管理・部門別管理などに関する基本的な事項を問うものである．これらの基本的な考え方や用語などを確実に理解しているかどうかが，ポイントである．

解答

52 エ　53 コ　54 ク　55 ケ　56 イ
57 オ　58 ウ

52 ～ 55　問題文の前半 2 行の文章は，方針管理についての説明である．方針管理とは，“経営基本方針に基づき，長・中期経営計画や短期経営方針を定め，それらを効果的・効率的に達成するために，企業組織全体の協力のもとに行われる活動”[2)]である．効果的・効率的な方針の達成に向けて，さまざまに生じる問題のうち，何に取り組むのかを取捨選択するうえで，重点指向の観点は不可欠である．また，方策とは，“目標を達成するために，選ばれる手段”[16)]である．JIS Q 9023 の定義からの引用である．したがって，52 はエ，53 はコ，54 はク，55 はケが正解である．

56 ～ 58　問題文の後半 4 行の文章は，機能別管理と部門別管理についての説明である．部門別管理は日常管理と読み替えてよい．改めて機能別管理とは，“品質，コスト，量，納期などの経営基本要素ごとに全社的に目標を定め，それを効果的・効率的に達成するため，各部門の業務分担の適正化を図り，かつ部門横断的に，連携，協力して行われる活動”[2)]である．多くの企業では，縦組織である各部門がその役割を果たし，方針上の課題を達成するために，各部門自らが管理・改善の活動を展開する部門別管理に対比して，全社的な立場からの機能別管理も行われている．したがって，56 はイ，57 はオ，58 はウが正解である．

解説 6.2.2

［第 14 回問 14 ③］

品質保証活動の内容について問うものである．製造物責任法，ISO 9001 など関連する法律や活動について知識を有しているかどうかが，ポイントである．

解答

81 キ

81 組織がある程度大きくなると，組織内の部門の業務が細分化され，部門間における適正な連携において壁が生じることもある．全社的な品質保証活動を進めようとする際に，品質，コスト，量・納期（QCD）などの経営基本要素ごとに全社的に目標を定めて，その中での業務分担の適正化を図り，部門横断的に連携・協力して活動できるように取り計らう機能別管理 81 と呼ぶ管理が必要となる．機能別管理にあたっては，品質保証委員会，原価管理委員会といった全社を挙げての会議体を設置するなど，異なる部署間で情報を共有するための工夫が重要である．よって，正解はキである．

6.3　日常管理

解説 6.3.1

[第 22 回問 13]

この問題は業務における日常管理について問うものである．会社方針や部門方針の目標を達成するためには，プロセスフローに基づく関連部署の業務管理から異常や変化点の工程管理まで一連の流れを理解することがポイントである．

解答

67	エ	68	キ	69	ア	70	ケ	71	コ
72	キ	73	ウ	74	カ				

67　業務を無駄なく遂行するためには，作業者による違いなどが出ないように，最も優れた手順や方法を標準化し，その標準に基づいて仕事を行うと効率的である．標準化とは手順書から社内規定までさまざまな形で行われるが，いずれにしても組織運営において重要な取決めであり，順守することができる標準を作らなければならない．したがって，エを選択できる．

68　経営目標を達成するために，それぞれの部門や構成員の業務分掌には，機能を細分化した使命や役割を明文化し，責任区分を明確にする．業務分掌は自部署のみで定めるのではなく，関連部署と一緒に，プロセスに漏れがないよう検討することが重要である．したがって，キを選択できる．

69　フローチャートなどにより業務の流れを可視化することによって，全体の時系列的な流れに対する関連部署の役割がわかりやすくなり，それぞれの業務に対してのインプットとアウトプットが明確になることで，より的確に業務の進捗管理ができる．また，個々の部門が担当する業務のアウトプットの質を高めるために，プロセスを評価し向上させる活動をプロセス保証と呼ぶ．したがって，アを選択できる．

70　プロセスを保証するには，結果に対して管理するよりも結果に影響を及ぼす原因となる特性や条件を管理するほうが効果的である．これは悪いものを作らないもしくは作れない管理であり，技術的・経済的に有効である．この管理対象となる特性や条件のことを管理項目と呼ぶ．したがって，ケを選択できる．

71，**72** 工程管理の目的の一つに，安定した状態からいつもと違う事象を見つけることが挙げられるが，このいつもと違う状態を異常と呼ぶ．その異常が結果に悪い影響を与えることが想定されるのであれば，何らかのアクションをとる必要がある．一方，規格に定められた内容を満たしていないことは不適合と呼ぶ．不適合は直ちに是正しなければならない．是正の必要の有無の点から見ても異常と不適合は明確に異なる．したがって，**71**はコ，**72**はキをそれぞれ選択できる．

73 異常を検出するには，管理項目を決めて，その特性が通常と異なるか否かの判断基準が必要となる．この設定する判断基準を管理水準と呼ぶ．管理水準は，通常の状態におけるばらつく範囲を把握し，ある程度の幅をもたせて管理する必要がある．したがって，ウを選択できる．

74 決められた標準に従い管理された状態であっても，4M（Man：人，Machine：機械，Material：材料，Method：方法）などの要因による違いが発生することが通常である．この違いを変化点と呼ぶ．この変化点は結果的に異常や不適合の原因となることもあり，あらかじめ対処方法を決めておくとよい．このような管理を変化点管理と呼ぶ．したがって，カを選択できる．

解説 6.3.2

［第 18 回問 11］

この問題は，日常的に行う業務において目標を達成させるための管理方法について問うものである．PDCA に沿った進め方やプロセス評価の考え方を理解しているかどうかが，ポイントである．

解答

61	エ	62	ク	63	オ	64	ウ	65	オ
66	ア	67	ケ	68	キ				

① 61 ～ 63 部門別にそれぞれの役割に応じた職務を明確にし，その職務の目的を達成するために日々行う活動が日常管理である．

日常管理には，管理の対象となるプロセスをよい状態に維持することを目的とした活動と，改善することでさらに現状のプロセスをよくすることを目的とした活動がある．いずれも問題点に対しては原因追究を行い，対策することで業務の標準を見直すことが重要であり，このPDCAの考えに基づいた管理方法を“管理のサイクルを回す”と呼ぶ．

したがって，61 はエ，62 はク，63 はオをそれぞれ選択できる．

② 64 ～ 66 目標の達成度を管理するためには，評価する尺度を決める必要があり，その評価の対象となる項目を管理項目と呼ぶ．管理項目は，不適合数など結果系の項目を評価する場合と，設備設定条件など要因系の項目を評価する場合に分けられる．この場合，結果をチェックする項目を管理点と呼び，要因をチェックする項目を点検点と呼ぶことが多い．

したがって，64 はウ，65 はオ，66 はアをそれぞれ選択できる．

③ 67 ，68 チェックする項目を決定した後，プロセスの状態を日常的に評価することになるが，その際には評価の判定基準が必要となる．この判定基準を管理水準と呼ぶが，管理水準は，とるべき値（目標値）と許される範囲で表し，許される範囲を許容限界と呼ぶ．

したがって，67 はケ，68 はキをそれぞれ選択できる．

解説 6.3.3

[第 23 回問 15]

この問題は，部品製造を行うある工場の現場パトロールでみられた問題を取り上げる形で，工場における日常管理に関連した幅広い知識を問うものである．日常の保全活動，製造ラインの直行率，ヒヤリハットなど，品質管理周辺の実践活動についても理解しているかどうかが，ポイントである．

解答

93	エ	94	キ	95	ウ	96	イ	97	キ
98	イ	99	ア	100	エ				

① 93 ～ 95 問題文から，保全活動に関する設問であることがわかる．あらかじめ自主保全活動に関する知識があれば容易な問題であるが，初見であることを想定して解説する（**ポイント解説**も参照されたい）．

まず 93 は，“保全活動”につながる言葉を選択するものだが，問題文ではこの用語の前段で“自分の設備を自分で守る”，“自分の設備の点検”，“自ら行う”と自主性を強調していること，またその後に続くこの活動の各ステップにおいても“自主”という言葉が複数みられることから，93 にはエの**自主**があてはまると推察できる．

次に，94 はこの活動の第 1 ステップであることから，選択肢の用語からは**初期**が類推される．後ろが“清掃”なので“共同”や“特別”などもありえなくはないものの，何との共同なのか，何と比較して特別なのかといった前提状態が明確でない最初のステップからこれらがあてはまるとは考えづらいことから，94 はキが選択できる．

続く 95 は，“清掃困難箇所”と類似ないし対となる用語である．“特別”，“修繕”ではしっくりこないほか，第 1 ステップで行った清掃を踏まえてのステップであることから，最初の清掃で除去したゴミや汚れの**発生源**と考えるのが妥当なので，95 はウが正解である．

② 96 “○○率”という用語にあてはまる言葉を選択肢の中から探す．ま

だ用いていない言葉で比較的おさまりがよいのは“直行”と“修繕”である．本問もその用語を知らなければ解答が難しく，この工場では“生産された製品について組み直し，修正などを行っている”状況であること，また“手直し状況を把握し，管理・改善していくため”に必要な見方であるといった問題文の内容から，“修繕”率ではないかと迷うが，修繕という用語は工作機械に対して使われる場合が多いため，消去法で**直行**率を選ぶ．よって，正解はイである．

なお，直行率とは，製造ラインに部材を投入して，最終検査工程に至るまで，トラブル（不適合，手直しなど）なく順調に流れる割合である．いろいろな計算式があるが，例えば，“$\left(1-\dfrac{\text{手直し・調整などの個数}}{\text{総加工・組立数}}\right)\times 100\,(\%)$”で表す．

③　97，98　問題文から，“(労働）災害や事故”と“災害や事故につながる潜在的な出来事”を示す対となる用語を選択肢の中から探す．**アクシデント**と**インシデント**であると見当がつく．インシデント（incident）とは，大きな災害や死亡，障害といったさまざまな損害をもたらすような顕在化した事故（accident）にまでは至らない出来事を意味する．よって，97はキ，98はイがそれぞれ正解である．

④　99，100　この問題は，管理図の種類を理解できていないとハードルが高い．群の大きさが変動する場合には，同じ不適合品数であっても検査個数が異なっていれば不適合品率は変化する．不適合品率を管理するためには**p管理図**を用いる．ちなみに，np管理図は群の大きさが一定の場合に用いる．nは，例えば，毎日の一定個数の検査数であり，npはその日の不適合品数である．

p管理図の下方管理限界に関して，不適合品率の意味合いから，小さければ小さいほどよいことは自明である．これをどう表現するかであるが，管理限界の性格上，“異常”と“正常”のいずれかである．文意から，“好ましい**異常**”を選ぶ．よって，99はア，100はエが正解である．

第6章

ポイント解説

自主保全活動の 7 ステップについて

自主保全活動は，“作業者一人一人が‘自分の設備は自分で守る’ことを目的として，自分の設備の日常点検，給油，部品交換，修理，異常の早期発見，精度チェックなどを行う活動”[9] である．その具体的な進め方については，7 段階のステップが知られている．このステップに，必ずしも固執する必要はないが，一例として**解説表**に記す．

解説表 自主保全活動の 7 ステップ*

ステップ	名 称	活動内容
第 1 ステップ	初期清掃 (清掃・点検)	設備本体を中心とするゴミ・ホコリ・汚れの清掃を行い，劣化の防止や給油，増締め（締結部のボルトやナットの緩みを締めなおす）の実施などによる設備の不具合発見と復元を行う．
第 2 ステップ	発生源・困難箇所の対策	ゴミ・ホコリ・汚れの発生源，清掃・給油・増締め・点検などが困難な箇所の改善による清掃・点検時間の短縮を図る．
第 3 ステップ	自主保全仮基準の作成	短時間で清掃・給油・増締めを確実に維持できる行動基準類（マニュアル）を自ら作成する．目で見る管理の工夫も進める．
第 4 ステップ	総点検	点検マニュアルによる設備構造の理解や点検技能の体得を進める．設備の主要機能部品を総点検し，潜在的欠陥の顕在化と復元を行う．
第 5 ステップ	自主点検	清掃・給油・点検基準などの自主保全基準類の整備と実施を進める．
第 6 ステップ	標準化	各種の現場管理項目の標準化を行い，維持管理の効率化を図る．
第 7 ステップ	自主管理の徹底	自主管理活動の維持・定着を進め，さらに保全記録の確実な実施と解析による設備改善の企画・推進を行う．

* 吉澤正編(2004)：“クォリティマネジメント用語辞典”，p.235–236，日本規格協会 をもとに執筆者作成

6.4　標準化

解説 6.4.1

[第12回問10]

この問題は，ある会社の品質管理の導入を例として，QC七つ道具，監査，標準についての知識を問うものである．選択肢に出てくる用語の意味をしっかり理解しているかどうかが，ポイントである．

50 キ　51 ウ　52 エ　53 ク　54 ケ

50 “傷・破損等別の不適合個数”のデータを使って作成し，かつ“重点指向”の考え方を実践するためのツールに当てはまるのは，QC七つ道具の中ではパレート図 50 である．選択肢の中にある管理図は，前者のデータは使うが，後者の目的では使われない．よって，正解はキである．

51 選択肢からは，ウの直行率，イの合格率が解答の候補になる．問題文で注目する部分は，“再加工（手直し）なしで適合となった加工数”であり，このデータを使って計算されるのは直行率 51 である．これに対して合格率は，再加工（手直し）して適合となった加工数も含めて計算される．よって，正解はウである．

52 監査は，監査側と被監査側の関係によって，次のように三つに区分される．

- 第一者監査：組織自身（自社の社員）又は代理人（コンサルタントなど）が行う監査．内部監査ともいう．
- 第二者監査：顧客など，その組織に利害関係のある団体又はその代理人によって行われる監査．
- 第三者監査：外部の独立した組織が行う監査．

問題文では，“主要顧客B社による”監査であることから，第二者 52 監査が該当する．よって，正解はエである．

第6章

53 B社から要求されたことの候補として考えられるのは，選択肢からは，アの“予防処置”とクの“是正処置”である．これらはISO 9000:2015（JIS Q 9000:2015）“品質マネジメントシステム—基本及び用語”で次のように定義されている．

- 予防処置：“起こり得る不適合又はその他の起こり得る望ましくない状況の原因を除去するための処置.”2)
- 是正処置：“発生した不適合の原因を除去し，再発防止するための処置.”2)

いい換えれば，予防処置は発生する可能性のある不適合の原因を除去し，未然防止するための処置といえる．

問題文では不適合を指摘されており，不適合は既に発生しているため，要求されるのは是正処置 53 である．よって，クが正解である．

54 選択肢からは，ケの作業手順書とコの仕様書が解答の候補になる．仕様書は，“要求事項を記述した文書”2)（JIS Q 9000）であり，中には手順書も含まれるが要求事項すべてを細かく記載した文書である．

問題文では，“鍵となる作業の写真や絵で端的に示す”，“改めて加工機のそばに明示”とあり，作業に必要なことを端的に示して現場に明示するものとして該当するのは，作業手順書 54 である．よって，ケが正解である．

解説 6.4.2

［第14回問16］

この問題は，社内標準の体系を作成するにあたり，その作業手順について問うものである．品質マネジメントシステムを構築する際に必要なアプローチでもあり，その後の改善のためにも必要な考え方である．

解答

91	エ

91 空欄となっている箇所も含め，問題文中に示された各手順について順を追って解説する．

手順 1：社内標準の体系を整備するにあたり，まず行うことは現状どのような業務を行っているのかを把握することである．それは，社内で行われている品質にかかわる業務を列挙することから始まる．

手順 2：新規に標準を作成するのはかなりの負担がかかる．既存の文書・様式があればそれを活用するのが効率的である．手順 1 で作成した品質に関する業務リストをもとに，品質マネジメントシステムに関する既存の方針，目標，手順，責任などについて既存の文書・様式を集める．

手順 3：それぞれの業務は単独で行われているわけではなく，必ずつながりがある．そのつながりを明確にすることが，業務間の連携のまずさをなくすための第一歩である．手順 2 で集めた文書・様式を並べて，品質に関する業務のつながりを明確にする．

手順 4：社内標準化の体系を決める必要がある．社内標準である文書・様式を無秩序に作成していくと後で整理がつかなくなり，かえって混乱を招くことになる．この体系が決められたのち，各階層，及びその要素に含めるべき方針，目標，手順並びに関連する文書・様式を明確化する．

手順 5：品質マネジメントシステムを規定した文書として品質マニュアルがある．品質マニュアルは組織の品質マネジメントシステムにかかわる一貫した情報を組織の内外に提供する文書である．したがって，品質マニュアルには，社内標準化の体系が理解できる内容を記載することになる．品質マニュアルについて，社内標準化の体系に応じて章の構成を決め，章ごとに検討を行って記すべき内容を決める．

手順 6：品質マネジメントシステムは一度構築して終わりではない．構築したマネジメントシステムを実施し，まずいところがあれば改善をしていかなければならない．改善のきっかけとして内部監査などがある．内部監査などを実施し，その結果に基づいて社内標準化の体系及び関連する文書の改訂を行う．

以上により，手順2〜6は，それぞれ問題文の<実施内容>の③，②，①，④が該当する．したがって，エが正解である．

解説6.4.3

[第24回問13]

この問題は，さまざまな標準について問うものである．社内標準から国際標準まで，海外の標準も含め目的や用途について幅広く理解することがポイントである．

解答

80 オ　81 ウ　82 ウ　83 ア　84 エ

80 EN（European Norm）規格とは，EU各国が合意した統一規格であり，欧州規格とも呼ばれている．このような規格は，周辺国の統一化による利便性から**地域**全体の産業の向上をねらいとしている．

したがって，オが正解である．

81 JIS（Japanese Industrial Standards）とは日本工業規格[*]とも呼ばれ，日本国内における工業分野での標準化を目的として1949（昭和24）年に制定された**国家標準**である．

したがって，ウが正解である．

82 ISO（International Organization for Standardization）規格とは，国際標準化機構が制定した国際標準である．また，米国では日本でいうJISと同様に，ANSI（American National Standards Institute）規格という米国国家規格協会が工業規格の**国家標準**として制定し，使用している．

したがって，ウが正解である．

83 国家標準や国際標準に対し，例題文のように実務の作業や仕組みなど，その会社独自に決めた標準を**社内標準**と呼ぶ．したがって，アが正解である．

---

* 工業標準化法が改正され，2019年7月より名称が“工業標準化法”は“産業標準化法”に，“日本工業規格（JIS）”は“日本産業規格（JIS）”に改められている．

84 IEC（International Electrotechnical Commission）規格とは，電気及び電子分野において，国際電気標準会議が制定した国際標準であり，ITU（International Telecommunication Union）規格についても，電気通信の利用に対し，国際電気通信連合が定めた**国際標準**である．したがって，エが正解である．

規格には**解説図 24.13-1** のように階層構造がある．国際規格が最上位であるが，地域規格や国家規格を国際規格に格上げするために，各分野において地域や国で戦略が立てられている．例えば，ISO 9001 のベースになったのは BS 5750（英国国家規格）である．

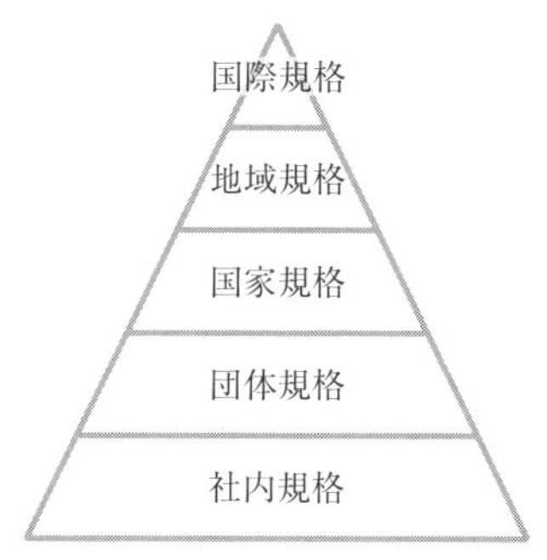

解説図 24.13-1　規格の階層構造

解説 6.4.4

［第 28 回問 14］

この問題は，標準化に関する問題で，標準化の目的や分類，さらに作業標準の目的や考慮すべき要件について問うものである．標準化に関する基本的な知識が求められている．

解答

77	イ	78	オ	79	キ	80	ク	81	ウ
82	オ	83	イ	84	ウ				

① 77, 78 製造工程の成果がもつ価値要素はQCDである．Qは品質(Quality)，Cは原価（Cost)，Dは**納期**（Delivery）を示す．また，これらを達成するために製造工程で管理すべき要因は生産の4要素といわれている4Mである．4Mは材料（Material)，設備（Machine)，作業者（Man)，**方法**（Method）の頭文字をとったものである．よって 77 はイ，78 はオが正解である．

② 79 ～ 81 製造工程においては，加工方法や設備の運転条件など技術的な管理項目を定めた技術標準と，実際の作業を行うときの手順や押さえどころを定めた作業標準を用いて管理を行う．これらのことを踏まえて，選択肢から選ぶとすれば，問題文にある“生産システムの構築に向けて”がキーワードとなり，79 は，キの**生産技術**が正解である．

各標準類の名称は組織によってさまざまであるが，生産技術に関する基本的な内容を定めた標準は，**製造技術標準**が該当し，作業の具体的な方法を定めた標準は，**製造作業標準**が該当することがわかる．よって 80 はク，81 はウが正解である．

③ 82 問題文から空欄に該当するのは，標準の何かであることが想像できる．選択肢には，検査標準と製品規格がある．検査標準とは，製品の検査方法や検査規格を定めたものであり，**製品規格**とは，製品の品質を定めたものである．よって，オが正解である．

④ 83, 84 作業標準は，製造現場で最も重要な標準の一つであるので，作成する際には，問題文のa)～g)に示されるような要件を確実に満たしておくことが望まれる．e)では，“けが等の事故が発生しないよう”と安全面について述べられているので，83 はイが正解である．f)では，空欄のすぐ後ろに“矛盾がないこと”とあるので，84 はウが正解である．

6.5　小集団活動

解説 6.5.1

[第22回問15]

この問題は，QCサークルなどの小集団改善活動について問うものである．小集団活動を行うときに必要な考え方や用語名をしっかり理解しているかどうかが，ポイントである．

解答

83	オ	84	ケ	85	イ	86	ク	87	カ
88	ウ	89	エ	90	ク				

① [83] 問題文におけるポイントは“テーマとして選定”と“その解決・達成”である．テーマに挙げて解決・達成を行うものは，選択肢の中では“問題・課題”だけである．用語をつなげると“問題解決・課題達成”となることからも“問題・課題”があてはまることがわかる．よって，正解はオである．

② [84]，[85] 問題文の“[84]の役割”や“必要な能力をもった[85]がいる”より，いずれの空欄とも人を指していることがわかる．このため，選択肢の中では“リーダー”，“トップ”，“メンバー”が候補となる．[83]については“役割が明確”や“集団として有機的な活動ができる”とあり，[84]については，“役割分担を引き受け実行する”とあり，役割分担を決める側ではなく引き受ける側の人を指している．リーダーやトップの人は役割分担を決める側になることから，[84]には“メンバー”があてはまり，正解はケである．

また，[85]には，“小集団の運営”や“意見・考えをまとめ”，“指導する”よりリーダーもしくはトップがあてはまるが，小集団活動の中においてこれらの役割を担うのは“リーダー”である．よって，[85]には“リーダー”があてはまり，正解はイである．

③ [86] 問題文の[86]の空欄の後に“(原因)”と記載されていることから，

原因系を示す用語であり，また“因果関係”につながるよう“結果と”に対応できる用語があてはまるので，選択肢の中では，“プロセス”だけがあてはまる．よって，正解はクである．

④ **87** 問題文におけるポイントは“仕事のやり方を良くする”である．仕事のやり方をよくするには，仕事の結果に対してではなく，その結果に至る過程（プロセス）の部分に対しての分析や工夫を要するので，“プロセス重視”があてはまる．よって，正解はカである．

⑤ **88** 問題文の 88 の空欄の後の文章は，それぞれ以下を示している．

・“目標とそれを達成するためのやり方を定めて”……Plan

・“実施し”……Do

・“得られた結果が目標と一致しているかを確認して”……Check

・“必要に応じて処置をとる”……Act

以上より“PDCA”があてはまり，正解はウである．Plan については“計画”という直接の表現はないものの，“実施”，“確認”，“処置”と続くところから時間をかけずに PDCA に思い当たることができるとよい．

⑤ **89** 問題文におけるポイントは“問題解決・課題達成を繰り返す活動”である．選択肢の中では“PDCA”も候補に考えられるが，既に 88 で解答となっているため，“改善”のみがあてはまる．よって，正解はエである．

なお，この問題文に使われている“改善”の説明文は，日本品質管理学会規格 JSQC-Std 33-001:2016“方針管理の指針”にある改善の定義から引用されていると推察される．また，参考として JIS Q 9024:2003“マネジメントシステムのパフォーマンス改善—継続的改善の手順及び技法の指針”では，継続的改善を“問題又は課題を特定し，問題解決又は課題達成を繰り返し行う改善”[13)]と定義している．

⑥ **90** 問題文の最初の 90 の空欄の前に“参画する人の”とあり，また，空欄の後に“促進され”とあることから，人に関する作用を示す用語が入ることがわかる．また，その後の文章にある“自主性をもって”，“考えて行動し，成果を自覚”といった点と選択肢に示された用語から，“自己実現”が

あてはまると考えられる．よって，正解はクである．

解説 6.5.2

［第21回問15］

この問題は，小集団改善活動とその進め方に関して問うものである．小集団で改善活動を行うときの問題解決の進め方などを理解しているかどうかが，ポイントである．

解答

85	カ	86	ケ	87	キ	88	イ	89	キ
90	ケ	91	エ						

① 85 ～ 87　小集団改善活動に限らず，改善活動を実施するときに掲げるテーマ名は一般的に発生している問題（顕在化した問題）や課題（潜在している問題）を取り上げるので，85 はカが正解である．この問題文におけるテーマ名は“加工１号機の更新による不適合品率の削減”であるが，このテーマ名には不適合品率の削減を実現するための具体的対策（加工１号機の更新）が明記されている．このようなテーマにしてしまうと，対象とする不適合の発生原因を追究することなく，対策として設備の更新を実施してしまう恐れがあるので，具体的対策が入ったテーマ名は好ましくない．以上より，86 はケが正解である．

また，目標設定をする際に，その設定根拠を明確にするのは重要なことである．一口に不適合といっても，実際にはさまざまな種類の不適合現象や内容が存在すると思われるので，現状把握の段階でしっかりと調査・データ採取を行い，得られたデータを層別し，QC 手法を用いて解析することにより，目標の設定根拠を明確にしておきたい．以上より，87 はキが正解である．

② 88 ～ 90　間違いが起こりやすい作業では，間違えそうになっても間違えることができないような作業，あるいは間違えても必ず気づける作業を

一連の作業の中に盛り込むことが大切である．この考え方（視点）をフールプルーフという（そのほかに，エラープルーフ，ポカヨケなどと呼ばれる場合もある）．よって，88はイが正解である．

実際の作業をよく分析して，最も適切な作業方法である標準作業を決定するとともに，標準作業を行うときの所要時間から標準時間を求める一連の手法の体系を作業研究と呼んでいる．よって，89はキが正解である．また，似たような言葉として作業管理という用語があるが，こちらは作業研究によって作成された標準作業，標準時間を維持するための一連の活動体系であるので，作業研究とあわせて覚えておきたい．

また，時間当たりの生産出来高に相当な差があるということは，作業者の技能スキルよりも，作業そのもののやり方のほうにばらつきがあることが多い．この作業のばらつきの主な原因は，作業の標準化が不十分であることや，作業者教育や作業指示が徹底しきれていないことが考えられる．この段階で90は選択肢からア又はケが候補として考えられるが，その後の問題文に“歯止めステップ”の中で確実に行ってほしいということが記載されているので，90はケが正解である．ちなみに“歯止めステップ”とは，対策事項の標準化と管理の定着を行うステップである．

③　91　方針管理の実践においては，上位方針から下位方針，最終的に各メンバーの重点実施事項までの目標及び方策に一貫性をもたせることが大切である．この一貫性の確保にあたっては，関係者間でしっかりと内容のすり合わせを行い，お互いが納得したうえで協力し合う必要がある．この問題文にある“サークルメンバーと上司との間でテーマ選定について話し合う”ということはまさにすり合わせに該当するので，エが正解である．

6.6　人材育成

解説 6.6.1

[第 22 回問 17]

この問題は，品質保証活動を展開していくうえで必要な人材育成に関する問題である．人材を育成していくための教育・訓練の重要性や人材を育成するための方法について理解ができているかどうかが，ポイントである．

① 96　企業では品質保証活動を展開していくためには人的資源を確保することが重要である．さらに，製品品質に影響がある仕事に従事する要員がその力量をもって，品質意識を高揚させ着実に実行することが不可欠である．このような人材を確保するために，企業は必要な力量がもてるようにするための教育・訓練を行うことが不可欠である．教育・訓練の基本は，どんな仕事をどのような目的で，その目的を達成するために最もよい方法で実行するにはどうしたらよいか，実行した結果がよかったかどうか自らが確認できる人材を確保することが目的である．つまり，企業としての教育・訓練は，各人が組織の一員として期待される役割を十分に果たせるようにすることである．したがって，ウが正解である．

② 97，98　企業での人材育成の方法として，“OJT（On the Job Training）”と“Off-JT（Off the Job Training）”がある．OJT とは，“職場内教育”（又は職場内訓練ともいう）といわれ，実際の職場を教育・訓練の場として簡単な仕事から難しい仕事を段階的に担当させながら必要な知識や技能を育成していく方法である．一方，Off-JT とは，“職場外教育”（又は職場外訓練ともいう）と呼ばれ，実際の仕事から離れて個人やグループで行う集合教育や外部の研修セミナーなどによって個人の知識やスキルを習得するような方法である．ただし，外部による教育でも会社として部下の事後指導や

フォローは重要である．したがって，97 はコ，98 はカがそれぞれ正解である．

③ 99 企業が行っている教育の一つであるOJTによる期待は，各人が担当する仕事に対して求められる行動ができるようになることである．そのために，担当業務においてまだできてないことは何か，やらなくてはならないことは何かを自分で見つけ，改善していくことが望まれる．ここで求められる行動には，各人が自分のやる気を十分に発揮できるだけの知識と，その知識を仕事に活かす技能に加えて，仕事に対して取り組む姿勢・心構えなどの態度が重要である．したがって，ウが正解である．

6.7　診断・監査

解説 6.7.1

［第 14 回問 14 ④］

品質保証活動の内容について問うものである．製造物責任法，ISO 9001 など関連する法律や活動について知識を有しているかどうかが，ポイントである．

解答

82	ウ

82　監査は第一者監査，第二者監査，第三者監査 82 に大きく分けられる．第一者監査は組織内部で行われるもので内部監査と呼ばれるものである．第二者監査は組織の利害関係者又はその代理人によって行われる外部監査のことである．また，第三者監査は外部監査の中でも利害関係にない独立した外部の機関による監査のことを指す．よって，正解はウである．

解説 6.7.2

［第 12 回問 10 ②］

この問題は，ある会社の品質管理の導入を例として，QC 七つ道具，監査，標準についての知識を問うものである．選択肢に出てくる用語の意味をしっかり理解しているかどうかが，ポイントである．

解答

52	エ	53	ク

52　監査は，監査側と被監査側の関係によって，次のように三つに区分される．

・第一者監査：組織自身（自社の社員）又は代理人（コンサルタントなど）が行う監査．内部監査ともいう．

・第二者監査：顧客など，その組織に利害関係のある団体又はその代理人によって行われる監査.

・第三者監査：外部の独立した組織が行う監査.

問題文では，“主要顧客 B 社による”監査であることから，第二者 52 監査が該当する．よって，正解はエである.

53 B 社から要求されたことの候補として考えられるのは，選択肢からは，アの“予防処置”とクの“是正処置”である．これらは ISO 9000:2015 (JIS Q 9000:2015)“品質マネジメントシステム—基本及び用語”で次のように定義されている.

・予防処置：起こり得る不適合又はその他の起こり得る望ましくない状況の原因を除去するための処置[2)]

・是正処置：不適合の原因を除去し，再発を防止するための処置[2)]

いい換えれば，予防処置は発生する可能性のある不適合の原因を除去し，未然防止するための処置といえる.

問題文では不適合を指摘されており，不適合は既に発生しているため，要求されるのは是正処置 53 である．よって，クが正解である.

6.8　品質マネジメントシステム

解説 6.8.1

[第 24 回問 14]

この問題は，品質マネジメントシステムにおける品質マネジメントの原則について，その知識を問うものである．七つの品質マネジメントの原則の言葉だけではなく，その原則の意図やねらいも併せて勉強しておきたい．

85 カ　86 キ　87 イ　88 ケ　89 オ

JIS Q 9000:2015（ISO Q 9000:2015）では品質マネジメントの原則として以下の七つが示されている．

- 顧客重視
- リーダーシップ
- 人々の積極的参加
- プロセスアプローチ
- 改善
- 客観的事実に基づく意思決定
- 関係性管理

① 85 意思決定をするとき，意思決定者の勘や経験に頼る場合は少なくない．しかし，勘や経験に頼った意思決定ではその個人の力量に大きく影響を受けてしまい，望む結果が得られない可能性が高い．一方，データや情報などいわゆる客観的な事実を集め，それを分析・評価した結果に基づいて行う意思決定は，上記に比べ格段に望む結果が得られる可能性が高くなる．このような意思決定は品質管理の基本でもあり，ファクトコントロールとも呼ばれる．この考え方は品質マネジメントの原則の**客観的事実に基づく意思決定**に該当するので，選択肢のカが正解である．

② 86 プロセスをうまく管理すると，よりよい結果が得られる．JIS Q

9000:2015ではプロセスを“インプットを使用して意図して結果を生み出す，相互に関連する又は相互に作用する一連の活動”と定義している．企業では一つひとつの仕事や業務そのものがプロセスであり，そのたくさんのプロセスが相互に関連していると考えることができる．よい結果を得るためには出来上がったアウトプットに一喜一憂するのではなく，その仕事のやり方や仕事を行ううえで必要な力量などを明確にして管理をすることにより常に期待される結果を出し続けることが大切である．日本の製造業で昔から言われている“品質は工程で作り込む”や，最近では事務間接部門の業務で展開されている“自工程完結”も同様な考え方であり，七つの原則では**プロセスアプローチ**が該当する．よって，選択肢のキが正解である．

③ **87** 組織としてよい結果を出すためには，そこで働くメンバーがその組織の目的及び目指す方向を理解し，積極的に業務に参加しなくてはならない．しかし，組織は多様な考え方をもつ人の集まりである．そこで組織のリーダーに求められるのは組織として明確なビジョンを描き，それをメンバーと共有し，積極的に業務に参加できる環境を作ることである．これは七つの原則の**リーダーシップ**が該当し，選択肢のイが正解である．

④ **88** 組織はその顧客に依存している．そのためには現在あるいは未来の顧客ニーズを理解し，顧客要求を満たしたあるいはその期待を超えた製品やサービスの提供ができるように努力しなくてはならない．このような考え方は**顧客重視**であり，選択肢のケが該当する．

⑤ **89** よい製品やサービスを提供するためにはその製品を作る人，サービスを行う人だけが努力しても限界がある．②でプロセスアプローチの考え方を説明したが，製品やサービスはいくつものプロセスを経てアウトプットされた結果である．直接的に製品の製造を行っていない人や部署が担当しているプロセスも何らかの形で製品を生み出すプロセスに関連する支援プロセスである．また，③でリーダーシップの考え方を説明したが，組織のリーダーは自分も含めたメンバー全員が積極的に業務に関与できる環境を構築することが大切である．品質マネジメントは“全員参加”が基本であり，この考

え方は**人々の積極的参加**に該当する．よって，オが正解である．

解説 6.8.2

［第 25 回問 13］

この問題は，品質マネジメントシステムにおいて“マネジメントレビュー”と“内部監査”について，その知識を問うものである．品質マネジメントシステムでは，このほかにも“品質マネジメントの原則”，“プロセスアプローチ”，“設計・開発へのインプット”，“設計・開発からのアウトプット”，“是正処置”，“継続的改善”など多くの用語や考え方が用いられている．これらの定義や基本的な考え方については，よく理解しておく必要がある．

解答

83 キ　84 ウ　85 オ　86 エ　87 キ

① 83, 84 JIS Q 9001:2015 では，マネジメントレビューを“あらかじめ定めた間隔で”行うよう要求がある．

また，“マネジメントレビューは，次の事項を考慮して計画し，実施しなければならない”[5)]としている．

a)　前回までのマネジメントレビューの結果とった処置の状況

b)　品質マネジメントシステムに関連する外部及び内部の課題の変化

c)　品質マネジメントシステムの**パフォーマンス**及び有効性に関する情報

d)　資源の妥当性

e)　**リスク**及び機会への取組みの有効性

f)　改善の機会

これらは“マネジメントレビューへのインプット”（レビューのために提供される情報）である．

よって，83 はキ，84 はウが正解である．

② 85 JIS Q 9000:2015 によると，“内部監査は，**第一者**監査と呼ばれることもあり，(…中略…)，その組織自体又は代理人によって行われ，その組

織の適合を宣言するための基礎となり得る”[6]と記載されている．また，外部監査に含まれる第二者監査と第三者監査については，“第二者監査は，顧客など，その組織に利害をもつ者又はその代理人によって行われる”[6]，“第三者監査は，適合を認証・登録する機関又は政府機関のような，外部の独立した監査組織によって行われる”と記載されている．

よって，オが正解である．

③ 86, 87 JIS Q 9000:2015 によると，監査は，“監査基準が満たされている程度を**判定**するために，客観的証拠を収集し，それを**客観**的に評価するための，体系的で，独立し，文書化したプロセス”[6]と定義されている．

よって，86はエ，87はキが正解である．

解説 6.8.3

[第26回問16]

この問題は，JIS Q 9001:2015 で要求されている品質マネジメントシステムについて問うものである．品質マネジメント要求事項にあるプロセスアプローチやリスクに基づく考え方について理解できているかが，ポイントである．

94	○	95	×	96	○	97	×

① 94 JIS Q 9001 の品質マネジメントシステムの用語を定義する JIS Q 9000[5]の箇条 2.3.4.1 では，プロセスアプローチを，“活動を，首尾一貫したシステムとして機能する相互に関連するプロセスであると理解し，マネジメントすることによって，矛盾のない予測可能な結果が，より効果的かつ効率的に達成できる”としており，前半の“活動を～プロセスであると理解し”の部分は，問題文の“プロセスを適切に設定し”の部分となり，後半の“マネジメントすることによって～達成できる”の部分は，問題文の“運営することによって，組織が意図した結果がより効率的，効果的に達成される”の部分となる．このように解釈すると，プロセスアプローチの考え方は

問題文のとおりといえる．

したがって，○が解答となる．

② **95** JIS Q 9001[6] の箇条 0.3.3 では，“リスクに基づく考え方は，有効な品質マネジメントシステムを達成するために必須である”と明記されており，このことから問題文の“リスクに基づく考え方は～採用されていない”は間違いであることがわかる．

また，リスクに基づく考え方の概念の例として，

- 起こり得る不適合を除去するための予防処置を実施する．
- 発生したあらゆる不適合を分析する．
- 不適合の影響に対して適切な，再発防止のための取組みを行う．

ことを含めていると記されているので覚えておくとよい．

したがって，×が解答となる．

③ **96** JIS Q 9001 の箇条 0.4 では，“他のマネジメントシステム規格との関係”として，“組織が，品質マネジメントシステムを他のマネジメントシステム規格の要求事項に合わせたり，又は統合したりするために，PDCA サイクル及びリスクに基づく考え方と併せてプロセスアプローチを用いることができるようにしている”と明記されている．このことは，品質保証と顧客満足の向上を目指して，JIS Q 9001 の要求事項以上あるいは JIS Q 9001 の要求事項以外の内容も必要に応じて取り入れて構築することができると解釈できる．

したがって，○が解答となる．

④ **97** JIS Q 9001[6] では，箇条 6.1.2 注記 1 にリスクへの取組みの選択肢には，“リスクを回避すること”に加え，“ある機会を追求するためにそのリスクを取ること，リスク源を除去すること，起こりやすさ若しくは結果を変えること，リスクを共有すること，又は情報に基づいた意思決定によってリスクを保有すること”と明記されており，リスクを回避することだけが要求されているわけではない．リスクはないほうがよいのは当たり前であるが，リスクはどこにでも存在する．特に新しいことにチャレンジする場合はリス

クを伴うことも多い．そのようなときに，リスクを認識・共有して除去・対処していくことが必要となる．

したがって，×が解答となる．

解説 6.8.4

［第27回問17］

この問題は，JIS Q 9000:2015（品質マネジメントシステム—基本及び用語）について，用語の定義や具体的な意味を問うものである．特に文書類の名称を正確に理解しているかどうかが，ポイントである．

解答

96 イ	97 ウ	98 カ	99 ク

① 96 問題文の“組織の品質マネジメントシステムについての仕様書”は，JIS Q 9000による**品質マニュアル**の定義そのものである．品質マニュアルの定義に自信がない場合は，“組織の品質マネジメントシステムについての仕様書”を手掛かりに選択肢を見ると，正解候補として“品質マニュアル”と“品質仕様書”がある．“品質仕様書”は個別の製品やサービスの場合に常用されるので，文意の流れに違和感がある．日常的に，“マニュアル”というと手順書，手引書的な小さいイメージがあるが，JIS Q 9000の“品質マニュアル”の扱う領域は，組織や企業といった大きなレベルの意味合いを示している．よって，正解はイである．

なお，JIS Q 9000はISO 9000と同内容と考えてよい．

② 97 問題文そのものがJIS Q 9000による**品質計画書**の定義である．前問と同様に，選択肢の中から候補となる用語を拾うと，“品質保証書”や“製品規格”もある．これらは，文意の“個別の対象に対しては”には合致しているが，後続する文章の“手順”，“資源”，“誰によって”と整合性がない．“品質計画書”は，“計画書”の語感からも5Mを網羅すると考えられる．よって，正解はウである．

③　**98**，**99**　問題文そのものがJIS Q 9000による“手順”と“記録”の定義である．これも前問と同様に，選択肢を見ると，98に対して“指針”と“手順”がある．文意は実行レベルの用語であるので，**手順**がふさわしいと判断する．

また，99は“活動の証拠を提供する文書”から“記録”と“レビュー”が候補となるが，文中の“証拠”から**記録**がふさわしいと判断する．よって，正解は98がカ，99がクである．

2 級

第 7 章

倫理／社会的責任

解説

7. 倫理／社会的責任

解説 7.1

[第 22 回問 16]

この問題は，社会的責任（Social Responsibility：SR）について，基本的な内容を問うものである．社会的責任については，1 級ではここ数回頻繁に出題されているものの，2 級での出題頻度はそれほど高くはなかった．しかし，第 20 回から適用されている改定レベル表では出題項目として明記されている（ただし“言葉として知っている程度のレベル”と推察される）ことから，今後の出題増が予想されるので，基本的な用語については押さえておきたい．

解答

91	エ	92	ウ	93	カ	94	ク	95	イ

① 91, 92 91 の空欄の後には“…に対して説明責任があり，”とあることから，91 には説明を行う対象となる存在があてはまると考えられる．選択肢でその点に合致するのはエの“利害関係者”しかないことから，91 はエが正解である．

また，組織の社会的責任に関する国際規格として 2010 年に発行されたのは ISO 26000“社会的責任に関する手引”である（この規格に対応した JIS は JIS Z 26000 として 2012 年に制定された）．ISO 26000 は，企業だけでなくすべての組織を対象としたもので，先進国から発展途上国まで含めた国際的な場で複数のステークホルダー（消費者，政府，産業界，労働，NGO，学術研究機関他）によって議論され，開発されたガイダンス規格[14)]である．よって，92 はウが正解である．ちなみに，選択肢にある ISO 22000 は食品安全マネジメントシステムの，ISO 27001（JIS Q 27001 と同等）は情報セキュリティマネジメントシステムの要求事項の規格である．

なお，ISO 26000:2012 では，“社会的責任”を次のように定義している．

“組織の決定及び活動が社会及び環境に及ぼす影響に対して，次のような透明かつ倫理的な行動を通じて組織が担う責任.

—健康及び社会の福祉を含む持続可能な発展に貢献する.

—ステークホルダーの期待に配慮する.

—関連法令を順守し，国際行動規範と整合している.

—その組織全体に統合され，その組織の関係の中で実践される."[16)]

② 93, 94 一般に，企業・組織の社会的責任は大別して，法令遵（順）守や株主等の利害関係者に対する説明責任を果たすことで財務状況や経営の透明性を高め，不祥事を防止するといった企業・組織にとってのリスク対応と，次世代に向けた持続可能な社会の実現という二つの側面がある．よって，93 はリスクマネジメントを選ぶ．また，94 は持続可能という言葉から連想して，環境問題を選ぶ．よって，93 はカ，94 はクがそれぞれ正解である.

なお，社会的責任というと，慈善活動，フィランソロピー，メセナといったイメージが強いが，必ずしもそればかりではない.

③ 95 企業・組織の社会的責任は，経営の根幹に影響することがある．いわゆる不祥事に対する信用・信頼の失墜が典型例である．それは市場における売上げ，株価，社員の採用・雇用などに影響することがある．よって，選択肢から株価を選ぶ．よって，正解はイである.

解説 7.2

[第 24 回問 16]

この問題は，企業・組織の社会的責任（Social Responsibility：SR，以下 SR と略す）を問うものである．格言や経営者の経営哲学などを通じて，SR の考え方やねらいを理解しているかどうかが，ポイントである．SR については，直近の第 22 回問 16 に選択肢問題として出題されている.

解答

95 ○　96 ○　97 ×

⑤ **95** 近江商人の言い伝え“三方よし”とは，“売り手よし”，“買い手よし”，“世間よし”といわれている格言である．その意味するところは，企業・組織の提供する製品・サービスが企業・組織の利益や都合だけでなく，製品・サービスを購入した顧客も満足し，かつ，広く社会に受け入れられ，必要とされるよう経営や商業活動をしなければならないという行動指針である．問題文にある“従業員満足”については，“売り手”と広義に解釈してよい．よって，正解は○である．

⑥ **96** 松下幸之助は，パナソニック株式会社の創業者であり，戦後を代表する名経営者といわれている．氏は，経営理念や事業哲学について多くの名言を残している．その一つに“企業は社会の公器である”がある．この言葉には，企業は社会と共に発展していくものであるという共存共栄の考え方が込められている．すなわち，問題文に記載されているとおり，社会に必要とされる企業を目指すためにも，社会に必要とされるモノ・サービスの提供に誠実に取り組まなければならないのである．正解は○である．

⑦ **97** SRの広報に関する問題である．社会的責任を果たすということは，企業イメージをよくすることだけではなく，前出の①，②より顧客や社会の満足をも考慮しなければならないことは明白である．企業・組織の一方的な利益や都合だけではいけないのである．よって，正解は×である．

引用・参考文献（解説編）

解説 1.3　4）小暮正夫(1988)：日本の TQC，p.21，日科技連出版社

解説 2.1　2）吉澤正編(2004)：クォリティマネジメント用語辞典，日本規格協会

解説 2.1　3）旧 JIS Z 8101:1981　品質管理用語（廃止）

解説 2.1　5）JIS Q 9025:2003　マネジメントシステムのパフォーマンス改善—品質機能展開の指針

解説 2.2　15）狩野紀昭，瀬楽信彦，高橋文夫，辻新一(1984)：魅力的品質と当たり前品質，品質，Vol.14，No.2，pp.39–48

解説 3.1.2　1）JIS Q 9000:2015　品質マネジメントシステム—基本及び用語

解説 3.2.2　3）吉澤正編(2004)：クォリティマネジメント用語辞典，日本規格協会

解説 4.1.2　9）JIS Q 9000:2015　品質マネジメントシステム—基本及び用語

解説 4.1.2　3）吉澤正編(2004)：クォリティマネジメント用語辞典，日本規格協会

解説 4.1.3　6）吉澤正編(2004)：クォリティマネジメント用語辞典，日本規格協会

解説 4.2.1　8）JIS Q 9025:2003　マネジメントシステムのパフォーマンス改善—品質機能展開の指針

解説 4.3.2　6）吉澤正編(2004)：クォリティマネジメント用語辞典，日本規格協会

解説 4.4.1　6）吉澤正編(2004)：クォリティマネジメント用語辞典，日本規格協会

解説 4.4.2　21）製造物責任法（平成六年七月一日法律第八十五号）

解説 4.6.1　10）JIS Z 8103:2000　計測用語

解説 5.1.1　17）日本プラントメンテナンス協会編(1994)：TPM 設備管理用語辞典，日本プラントメンテナンス協会

解説 5.1.1　2）吉澤正編(2004)：クォリティマネジメント用語辞典，日本規格協会

解説 5.1.1　16）JIS Q 9023:2003　マネジメントシステムのパフォーマンス改善—方針によるマネジメントの指針

解説 5.1.2　18）旧 JIS Z 8101:1981　品質管理用語（廃止）

解説 5.3.1　7）JIS Z 9020-2:2016　管理図—第 2 部：シューハート管理図

解説 5.4.1　2）吉澤正編(2004)：クォリティマネジメント用語辞典，日本規格協会

解説 5.5.3　6）JIS Z 9003:1979　計量規準型一回抜取検査（標準偏差既知でロットの平均値を保証する場合及び標準偏差既知でロットの不良率を保証する場合）

解説 5.6.1　1）JIS Z 8103:2000　計測用語

解説 5.6.1　2）JIS Z 8101-2:2015　統計—用語及び記号—第 2 部：統計の応用

解説 5.6.2　9）JIS Q 9001:2015　品質マネジメントシステム—要求事項

解説 5.6.2　10）JIS Z 8103:2000　計測用語

解説 5.6.2　11）JIS B 7512:2005　鋼製巻尺

解説 5.6.3　2）JIS Z 8103:2000　計測用語

解説 5.6.3　3）JIS Z 8402-1:1999　測定方法及び測定結果の精確さ（真度及び制度)—第 1 部：一般的な原理及び定義

解説 5.7.1　8）旧 JIS Z 8101:1981　品質管理用語（廃止）

解説 6.1.1　6）吉澤正編(2004)：クォリティマネジメント用語辞典，日本規格協会

解説 6.1.1　4）JIS Q 9023:2003　マネジメントシステムのパフォーマンス改善—方針によるマネジメントの指針

解説 6.1.2　4）吉澤正編(2004)：クォリティマネジメント用語辞典，日本規格協会

解説 6.1.2　5）JIS Q 9023:2003　マネジメントシステムのパフォーマンス改善—方針によるマネジメントの指針

解説 6.1.2　6）仁科健編(2006)：品質管理の演習問題と解説　QC 検定試験 2–3 級対応，日本規格協会

解説 6.1.4　19）日本規格協会編(2008)：JIS 品質管理責任者セミナー“品質管理”テキスト第 6 版，日本規格協会

解説 6.1.5　2）吉澤正編(2004)：クォリティマネジメント用語辞典，日本規格協会

解説 6.2.1　2）吉澤正編(2004)：クォリティマネジメント用語辞典，日本規格協会

解説 6.2.1　16）JIS Q 9023:2003　マネジメントシステムのパフォーマンス改善—方針によるマネジメントの指針

解説 6.3.3　9）吉澤正編(2004)：クォリティマネジメント用語辞典，日本規格協会

解説 6.4.1　2）JIS Q 9000:2015　品質マネジメントシステム—基本及び用語

解説 6.5.1　13）JIS Q 9024:2003　マネジメントシステムのパフォーマンス改善—継続的改善の手順及び技法の指針

解説 6.7.2　2）JIS Q 9000:2015　品質マネジメントシステム—基本及び用語

解説 6.8.2　5）JIS Q 9001:2015　品質マネジメントシステム—要求事項

解説 6.8.2　6）JIS Q 9000:2015　品質マネジメントシステム—基本及び用語

解説 6.8.3　5）JIS Q 9000:2015　品質マネジメントシステム—基本及び用語

解説 6.8.3　6）JIS Q 9001:2015　品質マネジメントシステム—要求事項

解説 7.1　14）ISO/SR 国内委員会：やさしい社会的責任—ISO 26000 と中小企業の実例　概要編

解説 7.1　16）JIS Z 26000:2012　社会的責任に関する手引

＊　＊　＊

仁科健編(2010)：過去問題で学ぶ QC 検定 2 級 2009 年版，日本規格協会

仁科健編(2011)：過去問題で学ぶ QC 検定 2 級 2010・2011，日本規格協会

仁科健編(2012)：過去問題で学ぶ QC 検定 2 級 2011・2012，日本規格協会

仁科健編(2013)：過去問題で学ぶ QC 検定 2 級 2013，日本規格協会

仁科健編(2014)：過去問題で学ぶ QC 検定 2 級 2015 年版，日本規格協会

仁科健編(2015)：過去問題で学ぶ QC 検定 2 級 2016 年版，日本規格協会

仁科健編(2016)：過去問題で学ぶ QC 検定 2 級 2017 年版，日本規格協会

仁科健編(2017)：過去問題で学ぶ QC 検定 2 級 2018 年版，日本規格協会

仁科健編(2018)：過去問題で学ぶ QC 検定 2 級 2019 年版，日本規格協会

仁科健編(2019)：過去問題で学ぶ QC 検定 2 級 2020 年版，日本規格協会

品質管理の演習問題［過去問題］と解説
QC 検定レベル表実践編　QC 検定試験 2 級対応

定価：本体 2,800 円(税別)

2021 年 2 月 5 日　　第 1 版第 1 刷発行

監　修　仁科　健
発 行 者　揖斐　敏夫
発 行 所　一般財団法人　日本規格協会
〒 108-0073　東京都港区三田 3 丁目 13-12　三田 MT ビル
https://www.jsa.or.jp/
振替　00160-2-195146
製　作　日本規格協会ソリューションズ株式会社
印 刷 所　三美印刷株式会社
製作協力　有限会社カイ編集舎

ISBN978-4-542-50518-6

品質管理検定（QC検定）検定対策書

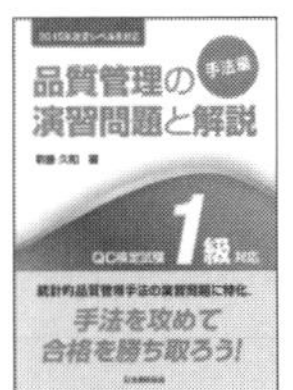

2015 年改定レベル表対応

品質管理の演習問題と解説［手法編］
QC 検定試験 1 級対応

新藤久和　編

A5 判・582 ページ　　定価：本体 4,500 円（税別）

2015 年改定レベル表対応

品質管理の演習問題と解説［手法編］
QC 検定試験 2 級対応

新藤久和　編

A5 判・332 ページ　　定価：本体 3,500 円（税別）

2015 年改定レベル表対応

品質管理検定教科書　QC 検定 2 級

仲野　彰　著

A5 判・592 ページ　　定価：本体 4,200 円（税別）

過去問題で学ぶ QC 検定 1 級
2020・2021 年版

監修・委員長　仁科　健

QC 検定過去問題解説委員会　著

A5 判・314 ページ　　定価：本体 3,700 円（税別）

過去問題で学ぶ QC 検定 2 級
2021 年版

監修・委員長　仁科　健

QC 検定過去問題解説委員会　著

A5 判・390 ページ　　定価：本体 2,800 円（税別）

日本規格協会　　https://webdesk.jsa.or.jp/